StudyHelp

StudyHelp

Mathe Abi Klausurenheft – NRW (Leistungskurs)

originale Prüfungsaufgaben mit Lösungen und Lernvideos

StudyHelp GmbH, Paderborn
WWW.STUDYHELP.DE

1. Auflage

Autor: Christian Strack
Konzept & Lernvideos: Daniel Jung

Redaktion & Satz: Carlo Oberkönig
Kontakt: verlag@studyhelp.de
Umschlaggestaltung, Illustration: StudyHelp GmbH
Druck: mediaprint solutions GmbH

ISBN 978-3-98755-**046**-1

Inhalt

Mathe Abitur in Nordrhein-Westfalen – Leistungskurs

Hi und herzlich willkommen!

Dieses Klausurenheft gibt deiner Abiturvorbereitung im Fach Mathematik den letzten Feinschliff! Was erwartet dich?

- originale Prüfungsaufgaben von 2020 bis 2022
  - Prüfungsteil A - Auswahl relevanter Aufgaben
  - Prüfungsteil B - Auswahl relevanter Aufgaben
- ausführliche Musterlösungen (von uns erstellt)
- Lernvideos via QR-Code an passenden Stellen
- inklusive (digitaler) Erweiterung der nächsten Prüfungsjahre

Allgemeine Informationen zu deiner Prüfung

Die Mathe Abitur Prüfung ist in Nordrhein-Westfalen in zwei Teile gegliedert und du hast insgesamt 270 Minuten Zeit[1] für die Bearbeitung:

1. **Prüfungsteil A** – 6 Aufgaben ohne Hilfsmittel (max. 70 Minuten)
2. **Prüfungsteil B** – 3 Aufgaben mit Hilfsmitteln (mind. 200 Minuten)

Je eher du mit Teil A fertig bist, desto mehr Zeit hast du für Teil B.

Die Aufgaben in Teil A und Teil B bestehen jeweils aus Teilaufgaben, wo du Punkte sammeln kannst: die sogenannten *Bewertungseinheiten* (BE). Insgesamt kannst du in beiden Prüfungsteilen maximal 120 BE erreichen. Die Verteilung ist üblicherweise wie folgt:

	Prüfungsteil A	**Prüfungsteil B**
Analysis	30 BE	40 BE
Vekt. Geometrie Stochastik		je 25 BE

Welche Hilfsmittel sind zugelassen?

In Prüfungsteil B darfst du einen Taschenrechner (GTR oder CAS) verwenden. Außerdem kannst du eine *Mathematische Formelsammlung* und ein *Wörterbuch* zur deutschen Rechtschreibung während der Prüfung verwenden.

Zusammen werden wir das sicherlich gut meistern. Also, let's rock Mathe!

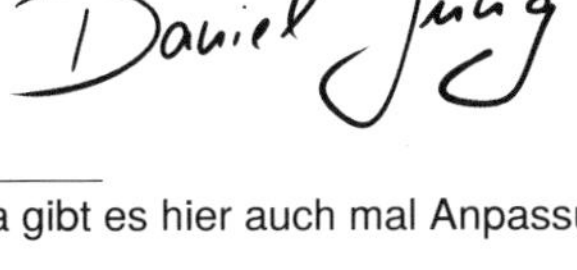

[1] Im Normalfall! Wegen Corona gibt es hier auch mal Anpassungen, wie z.B. in 2023!

1 Abi Klausur 2020 – Leistungskurs

1.1 Aufgaben

1.1.1 Prüfungsteil A

Bei der Bearbeitung der Aufgaben dürfen **keine Hilfsmittel** verwendet werden.

- Arbeitszeit: max. 70 Minuten
- Hinweis: Die Aufgaben sind nicht direkt einem Thema zugewiesen, wie es die folgende Tabelle vermuten lässt.
- Übersicht zur **Punkteverteilung** und **Tracking** deines Fortschritts:

Thema	Aufgabe	Teilaufgabe	Punkte	Erledigt?
Analysis	a)	(1)	3	✓
		(2)	3	
	b)	(1)	2	
		(2)	4	
Vektorielle Geometrie	c)	(1)	2	
		(2)	4	
Stochastik	d)	(1)	2	
		(2)	1	
		(3)	3	

Aufgabenstellung:

a) Gegeben ist die Funktion f mit $f(x) = x \cdot (x^2 - 1), x \in \mathbb{R}$.

(1) Zeigen Sie: $f'\left(-\frac{1}{2}\right) = -\frac{1}{4}$.

(2) Bestimmen Sie eine Gleichung der Tangente an den Graphen von f an der Stelle $x = -\frac{1}{2}$.

b) Eine Funktionenschar f_k ist gegeben durch $f_k(x) = e^{-x} - k$ für $x \in \mathbb{R}$, $k \in \mathbb{R}$, $k > 0$.

(1) Bestimmen Sie k so, dass $x = -1$ eine Nullstelle von f_k ist.

(2) Berechnen Sie das Integral $\int_0^k (e^{-x} - k)\,dx$ in Abhängigkeit von k.

c) Für jedes $r \in \mathbb{R}$ mit $r \neq -4$ bilden die Punkte $A(0|0|-4)$, $B(3|4|-4)$, C, $D(-8|6|-4)$, E_r, F_r, $G_r(-5|10|r)$ und H_r einen Quader. In der Abbildung 1 ist ein Quader für einen konkreten Wert von r dargestellt.

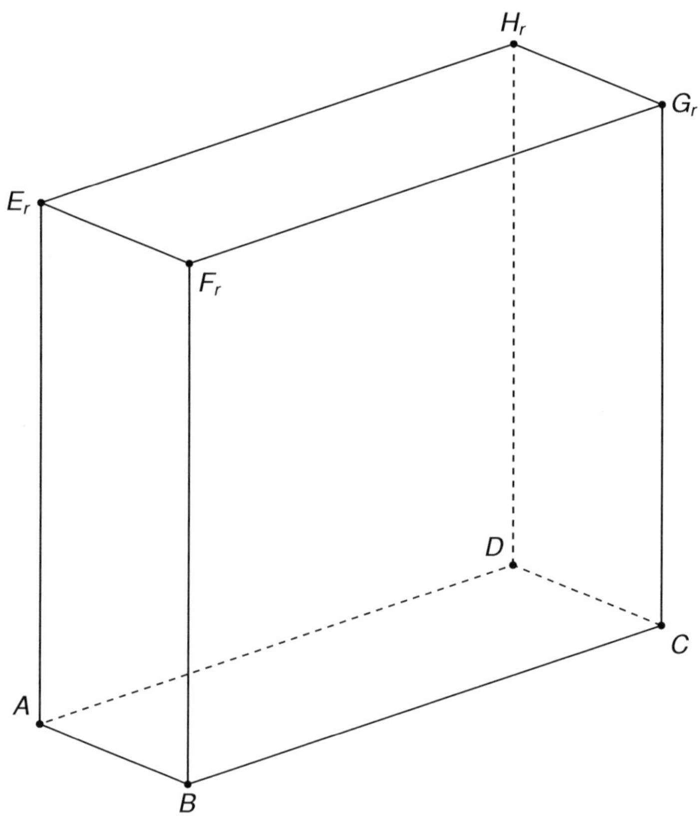

Abb. 1

(1) Weisen Sie rechnerisch nach, dass die Kanten $\overline{AB}$ und $\overline{AD}$ senkrecht zueinander verlaufen.

(2) Bestimmen Sie die Werte von r, für die die Raumdiagonale $\overline{AG_r}$ die Länge 15 LE besitzt.

d) Bei einem Stadtfest gibt es ein Glücksrad, welches in zehn gleich große Sektoren unterteilt ist (siehe Abbildung 2). Jede teilnehmende Person dreht das Glücksrad genau einmal.

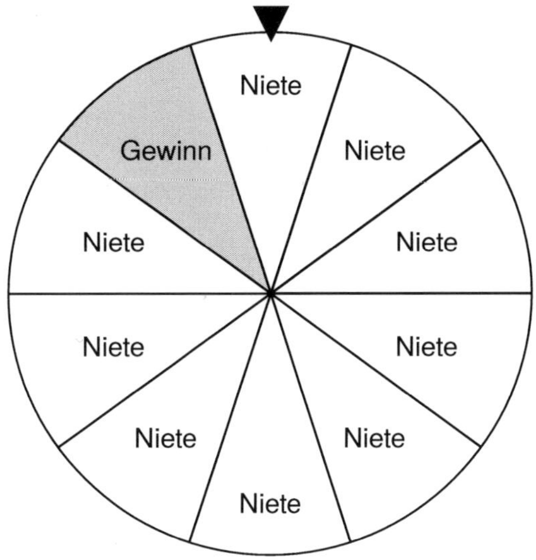

Abb. 2

(1) Beschreiben Sie in diesem Sachzusammenhang ein Ereignis, dessen Wahrscheinlichkeit mit dem folgenden Term berechnet werden kann:

$$\binom{7}{0} \cdot 0{,}1^0 \cdot 0{,}9^7 + \binom{7}{1} \cdot 0{,}1^1 \cdot 0{,}9^6 + \binom{7}{2} \cdot 0{,}1^2 \cdot 0{,}9^5$$

(2) Geben Sie einen Term an, mit dem die Wahrscheinlichkeit für das folgende Ereignis berechnet werden kann:

„Von 20 teilnehmenden Personen erhalten genau vier Personen einen Gewinn."

Ein anderes Glücksrad ist in n gleich große Sektoren aufgeteilt. Zwei Personen drehen dieses Glücksrad jeweils genau einmal. Die Zufallsgröße X gibt die Anzahl der Personen an, die einen Gewinn erhalten.
Es gilt: $P(X = 0) = 9 \cdot P(X = 2)$.

(3) Ermitteln Sie eine mögliche Gesamtzahl n der Sektoren auf dem Glücksrad sowie die zugehörige Anzahl der Sektoren mit einem Gewinn.

1.1.2 Prüfungsteil B

Bei der Bearbeitung der Aufgaben dürfen **Hilfsmittel** (GTR, Mathematische Formelsammlung, Wörterbuch zur deutschen Rechtschreibung) verwendet werden.

- Arbeitszeit: mind. 200 Minuten
- Übersicht zur **Punkteverteilung** und **Tracking** deines Fortschritts:

Thema	Aufgabe	Teilaufgabe	Punkte	Erledigt?
Analysis	a)	(1)	3	
		(2)	3	
		(3)	7	
	b)	(1)	3	
		(2)	3	
	c)	(1)	5	
		(2)	3	
	(d)	(1)	5	
		(2)	3	
		(3)	3	
		(4)	3	
Vektorielle Geometrie	a)	(1)	4	
		(2)	4	
		(3)	4	
	b)	(1)	4	
		(2)	3	
		(3)	3	
	c)	(1)	3	
		(2)	4	
	d)	(1)	3	
		(2)	4	
		(3)	3	
Stochastik	a)	(1)	3	
		(2)	6	
	b)	(1)	4	
		(2)	5	
		(3)	8	
	c)	(1)	4	
		(2)	5	
		(3)	5	

Analysis

Aufgabenstellung:

Flüsse treten manchmal über ihre Ufer. Zur Vermeidung solcher Überschwemmungen werden große Wasserbecken eingesetzt, sogenannte Rückhaltebecken. Droht eine Überschwemmung, so wird ein Teil des Flusswassers in das Rückhaltebecken geleitet. Dort wird das Wasser zunächst zurückgehalten und später kontrolliert in den Fluss geleitet.

Im Folgenden soll zunächst der Zufluss in und anschließend der Abfluss des Wassers aus einem Rückhaltebecken betrachtet werden.

Zur Modellierung der momentanen **Zuflussrate**, mit der das Wasser des Flusses während eines Beobachtungszeitraums von 40 Stunden in das Rückehaltebecken fließt, wird für $0 \leq t \leq 40$ die Funktion f mit der Gleichung

$$f(t) = 7\,200t^2 \cdot e^{-0{,}25t}, \quad t \in \mathbb{R},$$

verwendet. Dabei ist t die Zeit seit Beobachtungsbeginn in Stunden und $f(t)$ die momentane Zuflussrate in m^3 Wasser pro Stunde.

In der folgenden Abbildung 1 ist der Graph von f im Intervall [0; 40] dargestellt.

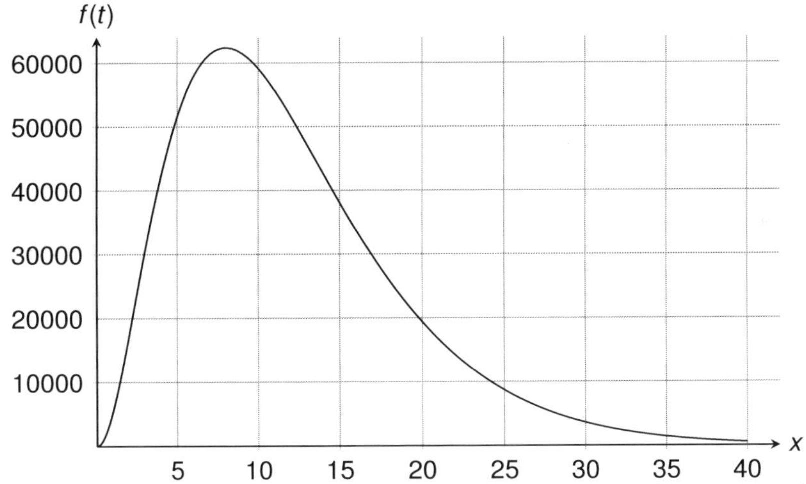

Abb. 1

a) (1) Geben Sie den Funktionswert von f an der Stelle $t = 20$ an und interpretieren Sie diesen Wert im Sachzusammenhang.

(2) Zeigen Sie: $f'(t) = 7\,200 \cdot (-0{,}25t^2 + 2t) \cdot e^{-0{,}25t}$.

(3) Weisen Sie rechnerisch nach, dass die momentane Zuflussrate im Modell 8 Stunden nach Beobachtungsbeginn maximal ist und geben Sie die maximale momentane Zuflussrate an.

b) (1) Geben Sie einen Term zur Berechnung der Wassermenge $w(t)$ (in m^3) an, die vom Beginn der Beobachtung bis zu einem Zeitpunkt t in Beobachtungszeitraum in das Rückhaltebecken fließt.

Hinweis: Der Term muss nicht ausgerechnet oder vereinfacht werden.

(2) Im Beobachtungszeitraum fließen ungefähr 919 000 m^3 Wasser in das Rückhaltebecken. Die Gleichung

$$\int_t^{t+8} f(x)\,dx = \frac{1}{2} \cdot 919\,000$$

hat die Lösungen $t_1 \approx -4{,}19$, $t_2 \approx 4{,}26$ und $t_3 \approx 5{,}06$.

Hinweis: Nachweis nicht erforderlich.

Interpretieren Sie die Gleichung und die Lösungen im Sachzusammenhang.

c) Die momentane **Abflussrate** vom Rückhaltebecken in den Fluss im Beobachtungszeitraum wird für $0 \leq t \leq 40$ durch eine Funktion der Schar

$$g_a(t) = 3\,600 \cdot a \cdot t^3 \cdot e^{-0{,}25t} \quad \text{mit } t \in \mathbb{R},\ a \in \mathbb{R},\ a > 0$$

modelliert. Dabei ist $g_a(t)$ die momentane Abflussrate in m^3 Wasser pro Stunde.

Durch den Parameter a wird berücksichtigt, dass der Abfluss reguliert werden kann. Ohne Nachweis darf verwendet werden:

$$g'(t) = -900 \cdot a \cdot t^2 \cdot (-t + 12) \cdot e^{-0{,}25t}$$
$$g''(t) = 225 \cdot a \cdot t \cdot (t^2 - 24t + 96) \cdot e^{-0{,}25t}$$

(1) Zeigen Sie, dass für alle $a > 0$ ein lokales Maximum von g_a bei $t = 12$ vorliegt.

(2) Bestimmen Sie den Wert für den Parameter a so, dass zum Zeitpunkt $t = 12$ die momentane Abflussrate 46 800 m^3 Wasser pro Stunde beträgt.

d) Im Folgenden wird zunächst davon ausgegangen, dass der Abfluss so reguliert wird, dass $a = 0{,}15$ gilt.

Der Graph von f und der Graph von $g_{0,15}$ sind in der Abbildung 2 auf der folgenden Seite dargestellt.

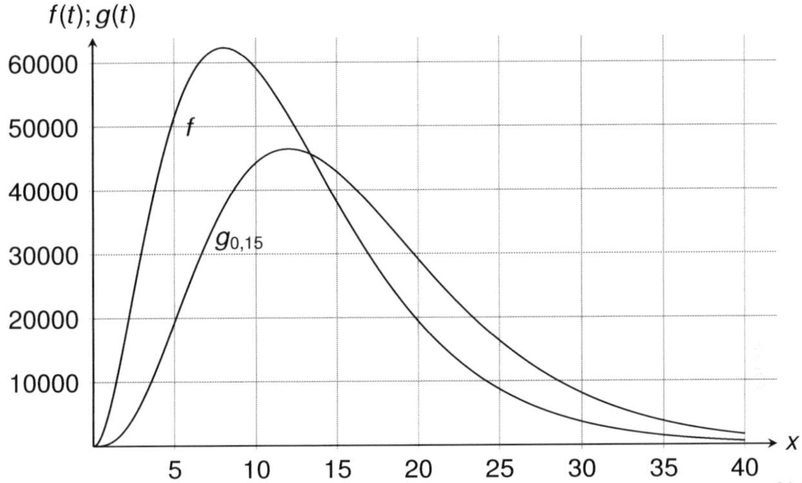

Abb. 2

(1) Ermitteln Sie anhand von Abbildung 2 näherungsweise den Zeitpunkt im Beobachtungszeitraum, zu dem die Wassermenge im Rückhaltebecken maximal ist und begründen Sie Ihr Vorgehen.

(2) Die Funktion d ist durch die Gleichung

$$d(t) = f(t) - g_{0,15}(t)$$

gegeben. Das Maximum dieser Funktion im Intervall $[0; 40]$ ist positiv und liegt an der Stelle $t_{max} \approx 5{,}53$.

Interpretieren Sie den Zeitpunkt t_{max} im Sachzusammenhang.

(3) Weisen Sie nach, dass sich am Ende des Beobachtungszeitraums mehr Wasser im Rückhaltebecken befindet als zu Beginn des Beobachtungszeitraums.

(4) Es gibt einen Wert für $a > 0$, sodass sich am Ende des Beobachtungszeitraums genauso viel Wasser im Rückhaltebecken befindet wie zu Beginn.

Geben Sie einen Ansatz an, mit dem dieser Wert von a bestimmt werden kann.

Geometrie

Aufgabenstellung:

In Abbildung 1 ist ein regelmäßiges Tetraeder *ABCD* mit den Eckpunkten $A(0|0|0)$, $B(10|10|0)$, $C(10|0|10)$ und $D(0|10|10)$ in einem kartesischen Koordinatensystem abgebildet.

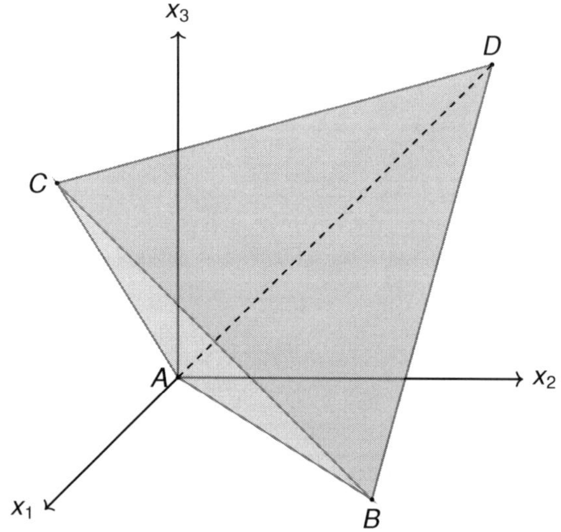

Abb. 1

a) (1) Zeigen Sie, dass das Dreieck *ABC* gleichseitig ist.

(2) Bestimmen Sie den Flächeninhalt des Dreiecks *ABC* und den Oberflächeninhalt des Tetraeders *ABCD*.

(3) Geben Sie die Koordinaten der Eckpunkte eines Würfels mit dem Volumen $V = 1\,000$ [VE] an, der das Tetraeder enthält.

b) (1) Stellen Sie eine Koordinatengleichung der Ebene *E* auf, in der das Dreieck *ABC* liegt.

[Zur Kontrolle: $E: -x_1 + x_2 + x_3 = 0$]

(2) Stellen Sie die Dreiecksfläche *ABC* in einer Parameterform dar.

(3) Bestimmen Sie das Volumen des Tetraeders *ABCD*.

Das Tetraeder *ABCD* modelliert einen Körper mit Kanten aus Draht. Diesen Körper taucht man in Seifenlauge. Beim Herausnehmen bilden sich im Inneren des Körpers Flächen aus Seifenhaut (vgl. Abbildungen 2 und 3).

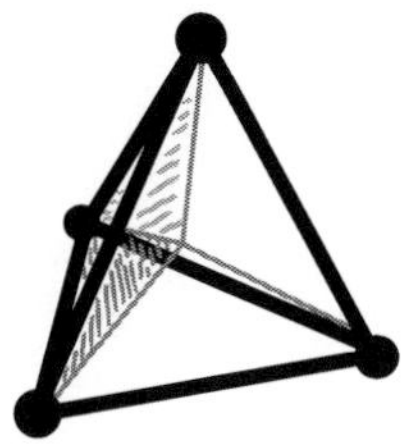

Abb. 2

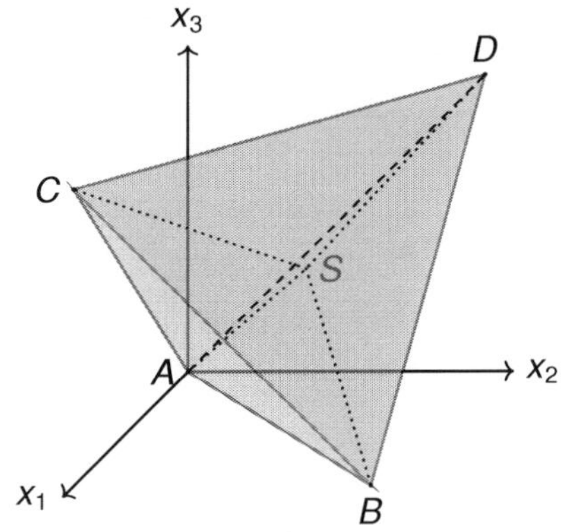

Abb. 3

Die Seifenhaut besteht aus sechs kongruenten gleichschenkligen Dreiecken mit einem gemeinsamen Eckpunkt, der durch S modelliert wird. S liegt im Inneren des Tetraeders.

c) Das Dreieck

- *ABS* liegt in der Ebene $H: -x_1 + x_2 = 0$,
- *ADS* liegt in der Ebene $I: -x_2 + x_3 = 0$ und
- *SBD* liegt in der Ebene $J: x_1 + x_3 = 10$.

(1) Berechnen Sie die Größe des Winkels zwischen den Ebenen I und J.

(2) Bestimmen Sie die Lösung des linearen Gleichungssystems

$$\left| \begin{array}{rcl} -x_1 + x_2 & = & 0 \\ -x_2 + x_3 & = & 0 \\ x_1 + x_3 & = & 10 \end{array} \right|$$

und interpretieren Sie die Lösung im Sachzusammenhang.

d) Im Folgenden werden unterschiedlich große Drahtkantenmodelle von regelmäßigen Tetraedern in Seifenlauge getaucht. Um dies zu modellieren, wird im Folgenden ein regelmäßiges Tetraeder $A'B'C'D'$ mit dem Eckpunkt $A'(0|0|0)$ und den variablen Eckpunkten $B'(a|a|0)$, $C'(a|0|a)$ und $D'(0|a|a)$ mit $a > 0$ betrachtet.

Dieser Tetraeder hat den Oberflächeninhalt $O' = 2 \cdot a^2 \cdot \sqrt{3}$ [FE].

Taucht man diesen Körper in Seifenlauge, so bilden sich bei dessen Herausnahme im Inneren des Körpers Flächen aus Seifenhaut. Die Seifenhaut besteht aus sechs kongruenten gleichschenkligen Dreiecken mit einem gemeinsamen Eckpunkt, der durch den von a abhängigen Punkt S' modelliert wird.

Jedes dieser Dreiecke hat den Flächeninhalt $A'_{\text{Dreieck}} = \frac{\sqrt{2}}{4} \cdot a^2$ [FE].

(1) Bestimmen Sie, um wie viel Prozent der Gesamtflächeninhalt der Seifenhaut kleiner ist als der Oberflächeninhalt O' des Tetraeders.

(2) Das Dreieck $A'B'C'$ liegt in der Ebene $E: -x_1 + x_2 + x_3 = 0$.
Bestimmen Sie rechnerisch die Koordinaten des Fußpunktes F' des Lotes von D' auf die Ebene E.

[Zur Kontrolle: $F'\left(\frac{2}{3} \cdot a \,\middle|\, \frac{1}{3} \cdot a \,\middle|\, \frac{1}{3} \cdot a\right)$]

(3) Auf der Strecke $\overline{F'D'}$ liegt der Punkt S'. Die sechs Flächen aus der Seifenhaut teilen das Tetraeder $A'B'C'D'$ in vier volumengleiche Pyramiden. Diese Pyramiden haben die gemeinsame Spitze S' und jeweils eine der vier Seitenflächen des Tetraeders $A'B'C'D'$ als Grundfläche.
Bestimmen Sie rechnerisch unter Verwendung von F' die Koordinaten von S'.

Stochastik

Aufgabenstellung:

Reisen mit dem Fernbus werden immer beliebter. Reiseanbieter werben mit günstigen Preisen und besonderem Komfort.

a) Für eine Städtereise stellt ein Busunternehmen einen Fernbus mit 59 Plätzen bereit, die vor Reiseantritt gebucht und bezahlt werden. Im Mittel werden 95% der Buchungen angetreten.

(1) Erläutern Sie, unter welcher Voraussetzung die Anzahl der angetretenen Buchungen bei einer Reise als binomialverteilt mit $p = 0{,}95$ angenommen werden kann.

(2) Die Anzahl der angetretenen Buchungen wird als binomialverteilt mit $p = 0{,}95$ vorausgesetzt. Für einen bestimmten Reisetermin sind genau 59 Buchungen vorgenommen worden.

Bestimmen Sie jeweils die Wahrscheinlichkeit für folgende Ereignisse:

E_1: „Genau 59 Buchungen werden angetreten."

E_2: „Mindestens 55 Buchungen werden angetreten."

b) Da erfahrungsgemäß nicht alle Buchungen angetreten werden, verkauft das Busunternehmen mehr Plätze, als vorhanden sind. Für eine Städtereise mit 96 Plätzen werden 99 Buchungen vorgenommen (Überbuchung). Vereinfachend wird wieder angenommen, dass die Anzahl der angetretenen Buchungen binomialverteilt mit $p = 0{,}95$ ist.

(1) Ermitteln Sie die Wahrscheinlichkeit, dass mehr als eine Person ihre Reise wegen Überbuchung nicht antreten kann.

(2) Bestimmen Sie die Anzahl der Buchungen, die das Busunternehmen bei einer Reise mit 96 Plätzen höchstens bestätigen darf, um das Risiko, dass mindestens eine Person ihre Reise aufgrund der Überbuchung nicht antreten kann, auf 5% zu begrenzen.

Kann eine Person die Reise wegen Überbuchung nicht antreten, wird vom Busunternehmen der komplette Reisepreis von 20 Euro zurückerstattet. Als Entschädigung wird zusätzlich ein Betrag von 300 Euro ausgezahlt.

(3) Beurteilen Sie, ob sich aus finanzieller Sicht die Praxis, 99 Buchungen für eine Reise mit 96 Plätzen zu bestätigen, für das Busunternehmen im Mittel lohnt.

c) In der Werbung eines anderen Busunternehmens werden bisher Kunden damit gewonnen, dass bis kurz vor Reiseantritt eine kostenlose Stornierung der Buchung möglich ist. Aktuell liegt der Anteil der kurzfristig stornierten Buchungen bei 7%.

Das Busunternehmen ändert die Vertragsbedingungen dahingehend, dass bei kurzfristigen Stornierungen ein Teil des Fahrpreises gezahlt werden muss. Es möchte die Vermutung absichern, dass durch diese Maßnahme der Anteil der kurzfristig stornierten Buchungen sinkt.

Die nächsten 1000 Buchungen sollen auf diese Wirkung hin untersucht werden. Die Anzahl der kurzfristig stornierten Buchungen wird als binomialverteilt angenommen.

(1) Geben Sie begründet an, welche Nullhypothese aus der Sicht des Busunternehmens gewählt wird.

(2) Bestimmen Sie die Anzahl der kurzfristig stornierten Buchungen, bis zu der das Busunternehmen auf einem Signifikanzniveau von 5% von einem Erfolg der Maßnahme ausgehen wird.

(3) Bei einem Signifikanzniveau von 1% lautet die Entscheidungsregel:

„Das Busunternehmen verwirft die Nullhypothese H_0 und geht von einem Erfolg der Maßnahme aus, falls die Anzahl der kurzfristig stornierten Buchungen höchstens 51 beträgt.“

Bestimmen Sie die Wahrscheinlichkeit für den Fehler 2. Art, falls aufgrund der Maßnahmen der Anteil der kurzfristig stornierten Buchungen nur noch 4% beträgt, und erläutern Sie diesen Fehler im Sachzusammenhang.

1.2 Lösungen

1.2.1 Prüfungsteil A

Lösung:

a) (1) Zuerst vereinfachen wir die Funktion, indem wir die Klammer ausmultiplizieren und bestimmen dann die Ableitungsfunktion mit der Potenzregel:

Potenzregel

$$\begin{aligned} f'(x) &= x \cdot \left(x^2 - 1\right) \\ &= \left(x^3 - x\right)' \\ &= 3x^2 - 1 \end{aligned}$$

Alternativ hätten wir auch die Produktregel anwenden können, aber das wäre wesentlich umständlicher. Anschließend setzen wir den Wert $x = -\frac{1}{2}$ in die Ableitungsfunktion ein

$$\begin{aligned} f'\left(-\tfrac{1}{2}\right) &= 3 \cdot \left(-\tfrac{1}{2}\right)^2 - 1 \\ &= \tfrac{3}{4} - 1 \\ &= -\tfrac{1}{4} \qquad \checkmark \end{aligned}$$

und haben damit gezeigt, dass $f'\left(-\frac{1}{2}\right) = -\frac{1}{4}$ ist.

(2) Die Steigung der Tangente an der Stelle $x = -\frac{1}{2}$ haben wir bereits in (1) berechnet:

Tangentengleichung aufstellen

$$f'\left(-\tfrac{1}{2}\right) = m = -\tfrac{1}{4}$$

Nun benötigen wir noch einen Punkt, der auf der Tangenten liegt. Dafür setzen wir $x = -\frac{1}{2}$ in die Funktionsgleichung $f(x) = x^3 - x$ ein, da die Tangente die Funktion an dieser Stelle berühren soll.

$$\begin{aligned} f\left(-\tfrac{1}{2}\right) &= \left(-\tfrac{1}{2}\right)^3 - \left(-\tfrac{1}{2}\right) \\ &= \tfrac{1}{8} + \tfrac{1}{2} \\ &= \tfrac{3}{8} \end{aligned}$$

Wir setzen den Punkt $P\left(-\frac{1}{2}\middle|\frac{3}{8}\right)$ und die Steigung $m = -\frac{1}{4}$ in die allgemeine Geradengleichung ein, um den fehlenden y-Achsenabschnitt zu berechnen.

$$\begin{aligned} y = m \cdot x + b \Rightarrow \tfrac{3}{8} &= -\tfrac{1}{4} \cdot \left(-\tfrac{1}{2}\right) + b \\ \Leftrightarrow \tfrac{3}{8} &= \tfrac{1}{8} + b \qquad \left| -\tfrac{1}{8}\right. \\ \Leftrightarrow \tfrac{1}{4} &= b \end{aligned}$$

Die gesuchte Tangentengleichung lautet somit

$$y = -\frac{1}{4}x + \frac{1}{4}.$$

Nullstellen

b) (1) Um k zu berechnen, setzen wir die verlangte Nullstelle $x = -1$ in die Funktionenschar $f_k(x)$ ein und setzen diese gleich Null.

$$\begin{aligned} f_k(x=-1) \overset{!}{=} 0 \Rightarrow \quad e^{-(-1)} - k &= 0 \\ \Leftrightarrow \quad e - k &= 0 \quad | +k \\ \Leftrightarrow \quad e &= k \end{aligned}$$

Damit die Funktionenschar eine Nullstelle bei $x = -1$ besitzt, muss also $k = e$ sein.

e-Funktion integrieren

(2) Um das Integral zu berechnen, müssen wir zunächst die Stammfunktion berechnen und anschließend die gegebenen Grenzen einsetzen. Der Parameter k wird dabei wie eine normale Zahl behandelt, bekommt beim Integrieren also ein x dazu.

$$\begin{aligned} \int_0^k (e^{-x} - k)\,dx &= [-e^{-x} - k \cdot x]_0^k \\ &= \left(-e^{-k} - k \cdot k\right) - \left(-e^0 - k \cdot 0\right) \\ &= 1 - e^{-k} - k^2 \end{aligned}$$

c) (1) Zuerst benötigen wir die Vektoren, welche die Kanten beschreiben:

$$\overrightarrow{AB} = \begin{pmatrix} 3 \\ 4 \\ -4 \end{pmatrix} - \begin{pmatrix} 0 \\ 0 \\ -4 \end{pmatrix} = \begin{pmatrix} 3 \\ 4 \\ 0 \end{pmatrix} \text{ und } \overrightarrow{AD} = \begin{pmatrix} -8 \\ 6 \\ -4 \end{pmatrix} - \begin{pmatrix} 0 \\ 0 \\ -4 \end{pmatrix} = \begin{pmatrix} -8 \\ 6 \\ 0 \end{pmatrix}$$

Skalarprodukt

Um zu zeigen, dass die Kanten senkrecht zueinander verlaufen, muss das Skalarprodukt der beiden Vektoren Null ergeben.

$$\overrightarrow{AB} \bullet \overrightarrow{AD} = \begin{pmatrix} 3 \\ 4 \\ 0 \end{pmatrix} \bullet \begin{pmatrix} -8 \\ 6 \\ 0 \end{pmatrix} = 3 \cdot (-8) + 4 \cdot 6 + 0 \cdot 0 = 0 \checkmark$$

(2) Zuerst bestimmen wir den Vektor, der die Diagonale beschreibt:

$$\overrightarrow{AG_r} = \begin{pmatrix} -5 \\ 10 \\ r \end{pmatrix} - \begin{pmatrix} 0 \\ 0 \\ -4 \end{pmatrix} = \begin{pmatrix} -5 \\ 10 \\ r+4 \end{pmatrix}$$

Wir bestimmen anschließend die Länge eines Vektors in Abhängigkeit des Parameters r und setzen dies gleich der Länge 15:

Länge eines Vektors

$$
\begin{aligned}
|\overrightarrow{AG_r}| = 15 \Rightarrow \quad \sqrt{(-15)^2 + 10^2 + (r+4)^2} &= 15 \\
\Leftrightarrow \quad \sqrt{125 + (r+4)^2} &= 15 \qquad |(\ldots)^2 \\
\Leftrightarrow \quad 125 + (r+4)^2 &= 225 \qquad |-125 \\
\Leftrightarrow \quad (r+4)^2 &= 100 \qquad |\sqrt{\ldots} \\
\Leftrightarrow \quad r+4 &= \pm 10 \\
\Leftrightarrow \quad r &= -4 \pm 10
\end{aligned}
$$

Damit ist die Raumdiagonale gleich 15 LE, wenn $r = 6$ oder $r = -14$ ist.

d) (1) Die Zufallsvariable ist binomialverteilt, da eine feste Anzahl an unabhängigen Versuchen n gegeben ist und die Wahrscheinlichkeit für Erfolg p (hier 0,1) und Misserfolg $1-p$ (hier 0,9) konstant bleiben. Das bedeutet allgemein für die Wahrscheinlichkeit:

Binomialverteilung

$$P(X = k) = \binom{n}{k} \cdot p^k \cdot (1-p)^{n-k}$$

Betrachten wir nun den gegebenen Term in der Aufgabenstellung, sehen wir, dass $n = 7$ gilt und die Fälle $k = 0$, $k = 1$ und $k = 2$ betrachtet werden. Damit beschreibt der Term die Wahrscheinlichkeit dafür, dass:

„Von sieben teilnehmenden Personen erhalten höchstens zwei Personen einen Gewinn.“

(2) Im Vergleich zur (1) sind nun 20 teilnehmende Personen (n) gegeben und es sollen genau 4 Personen gewinnen (k). Daraus folgt der Term:

$$P(X = 4) = \binom{20}{4} \cdot 0{,}1^4 \cdot 0{,}9^{16}$$

Mehr können wir an dieser Stelle nicht machen, da wir in Prüfungsteil A keinen Taschenrechner verwenden dürfen.

(3) Da zwei Personen das Glücksrad jeweils genau einmal drehen, folgt $n = 2$. Wir berechnen also zunächst $P(X = k)$ mit $k = 0$ und erhalten:

$$P(X = k) = \binom{n}{k} \cdot p^k \cdot (1-p)^{n-k} \Rightarrow P(X = 0) = \underbrace{\binom{2}{0}}_{=1} \cdot \underbrace{p^0}_{=1} \cdot (1-p)^{2-0}$$

Wir sehen, dass alle Faktoren zu 1 werden, außer der Faktor $(1-p)^2$. Anschließend berechnen wir noch $P(X = k)$ mit $k = 2$ und erhalten:

$$\Rightarrow P(X = 2) = \underbrace{\binom{2}{2}}_{=1} \cdot p^2 \cdot \underbrace{(1-p)^{2-2}}_{=1}$$

Wir sehen, dass alle Faktoren zu 1 werden, außer der Faktor $(p)^2$. Nun können wir den Ausdruck aus der Aufgabestellung zur Hand nehmen und nach p umstellen:

$$
\begin{aligned}
P(X=0) = 9 \cdot P(X=2) \Rightarrow \quad (1-p)^2 &= 9 \cdot p^2 \\
\Leftrightarrow \quad (1-p)^2 &= (3p)^2 && |\sqrt{\cdots} \\
\Leftrightarrow \quad 1-p &= \pm 3p && |+p \\
\Leftrightarrow \quad 1 &= (1 \pm 3) \cdot p && |\div (1 \pm 3) \\
\Leftrightarrow \quad \frac{1}{1 \pm 3} &= p
\end{aligned}
$$

Da p eine Wahrscheinlichkeit beschreibt, muss $p \in [0; 1]$ sein. Also fällt $-1/2$ schon einmal weg und damit gilt $p = \frac{1}{4}$, solange ein Viertel aller Sektoren zu einem Gewinn führen. Das bedeutet, dass die Gesamtanzahl aller Sektoren durch 4 teilbar sein muss.

Das Glücksrad hat also zum Beispiel vier gleich große Sektoren (oder Felder) und davon führt eins zum Gewinn. Oder es hat acht Sektoren und es führen zwei davon zum Gewinn usw.

1.2.2 Prüfungsteil B

Analysis

Lösung:

a) (1) Wir setzen $t = 20$ in die Funktion $f(t)$ ein und erhalten:

$$\begin{aligned} f(20) &= 7\,200 \cdot 20^2 \cdot e^{-0{,}25 \cdot 20} \\ &\approx 19\,405{,}3 \end{aligned}$$

Interpretation:
20 Stunden nach Beobachtungsbeginn beträgt die momentane Zuflussrate in das Rückhaltebecken ca. 19 405 m^3 Wasser pro Stunde.

(2) Die Ableitung erhalten wir mithilfe der Produkt- und Kettenregel.

Produkt- & Kettenregel

$$\begin{aligned} f'(t) &= \left(7\,200t^2 \cdot e^{-0{,}25t}\right)' \\ &= 7\,200 \cdot 2t \cdot e^{-0{,}25t} + 7\,200t^2 \cdot (-0{,}25) \cdot e^{-0{,}25t} \\ &= 7\,200\left(2t - 0{,}25t^2\right) \cdot e^{-0{,}25t} \qquad \checkmark \end{aligned}$$

(3) Wir suchen die Stellen, für die die Funktion maximal wird. Dafür bestimmen wir zuerst die Nullstellen der Ableitungsfunktion.

Extremstellen

Satz vom Nullprodukt

$$\begin{aligned} f'(t) &\overset{!}{=} 0 \\ \Rightarrow \quad 7\,200\left(2t - 0{,}25t^2\right) \cdot e^{-0{,}25t} &= 0 \quad |\div 7\,200 \\ \Leftrightarrow \quad \left(2t - 0{,}25t^2\right) \cdot \underbrace{e^{-0{,}25t}}_{\neq 0} &= 0 \quad |\text{ Satz vom Nullprodukt} \\ \Leftrightarrow \quad 2t - 0{,}25t^2 &= 0 \quad |\div(-0{,}25) \\ \Leftrightarrow \quad t^2 - 8t &= 0 \\ \Leftrightarrow \quad t \cdot (t - 8) &= 0 \end{aligned}$$

Aus dem Satz vom Nullprodukt folgen die beiden Nullstellen der Ableitungsfunktion:

$$t = 0 \quad \vee \quad t - 8 = 0 \Leftrightarrow t = 8$$

Einsetzen in die Ausgangsfunktion liefert die beiden Extremwerte:

$$\begin{aligned} f(0) &= 7\,200 \cdot 0^2 \cdot e^{-0{,}25 \cdot 0} = 0 \\ f(8) &= 7\,200 \cdot 8^2 \cdot e^{-0{,}25 \cdot 8} \approx 62\,362{,}5 \end{aligned}$$

Wir prüfen noch den anderen Randpunkt des zu betrachtenden Intervalls ($t = 0$ haben wir als mögliche Extremstelle bereits betrachtet). Denk daran, auch immer die Randwerte zu betrachten!

$$f(40) = 7\,200 \cdot 40^2 \cdot e^{-0{,}25 \cdot 40} \approx 523{,}0$$

Also liegt bei $t = 8$ die maximale momentane Zuflussrate mit 62 362,5 m^3 Wasser pro Stunde vor.

b) (1) Die Funktion $f(t)$ beschreibt die Zuflussrate. Also die Menge an Wasser, die zu einem bestimmten Zeitpunkt in das Becken fließt. Summieren wir alle Wassermengen zu allen Zeitpunkten auf, haben wir die gesamte zugeflossene Wassermenge $w(t)$. Dieses Aufsummieren können wir mit Hilfe eines Integrals abbilden:

$$w(t) = \int_0^t f(x)\,dx$$

(2) Wir schauen uns zunächst die Grenzen des Integrals an und stellen fest, dass die Zeitpunkte $t_2 \approx 4{,}26$ und $t_3 \approx 5{,}06$ im Beobachtungszeitraum liegen. t_1 fällt an dieser Stelle raus. Der Zeitraum beträgt dabei 8 Stunden (wegen $t+8$) und damit lauten die beiden Beobachtungszeiträume (= Intervalle) [4,26(h) ; 12,26(h)] und [5,06(h) ; 13,06(h)].

Das Integral sagt also aus, dass innerhalb von 8 Stunden jeweils 50% (wegen 1/2) der im gesamten Zeitraum zugeflossenen Menge Wasser zugeflossen ist.

c) (1) Bei einem lokalen Maximum ist die Steigung (1. Ableitung) der Funktion gleich Null, also gilt: $g_a'(12) = 0$. Zudem muss das Krümmungsverhalten (2. Ableitung) negativ sein, also gilt: $g_a''(12) < 0$.

Die erste und zweite Ableitung sind in der Aufgabenstellung bereits gegeben und müssen nicht nachgewiesen werden. Daher setzen wir $t = 12$ in die Ableitungsfunktionen ein. Es folgt:

$$\begin{aligned} g_a'(12) &= 900 \cdot a \cdot 12^2 \cdot (-12 + 12) \cdot e^{-0{,}25 \cdot 12} \\ &= \left(900 \cdot a \cdot 12^2\right) \cdot 0 \cdot e^{-0{,}25 \cdot 12} \\ &= 0 \end{aligned}$$

und

$$\begin{aligned} g_a''(12) &= 225 \cdot a \cdot 12 \cdot (12^2 - 24 \cdot 12 + 96) \cdot e^{-0{,}25 \cdot 12} \\ &= \underbrace{-129\,600 \cdot \underbrace{a}_{>0} \cdot \underbrace{e^{-3}}_{>0}}_{<0} \end{aligned}$$

Für alle $a > 0$ ist der ganze Ausdruck kleiner als Null und somit liegt für alle $a > 0$ an der Stelle $t = 12$ ein lokales Maximum vor.

(2) Gesucht ist der Wert für a, für den gilt: $g_a(12) = 46\,800$:

$$\begin{aligned} g_a(12) \stackrel{!}{=} 46\,800 \Rightarrow \quad 3600 \cdot a \cdot 12^3 \cdot e^{-0{,}25 \cdot 12} &= 46\,800 \\ \Leftrightarrow \quad 6\,220\,800 \cdot a \cdot e^{-3} &= 46\,800 \\ \Leftrightarrow \quad a &= \tfrac{46\,800}{6\,220\,800} \cdot e^3 \\ \Leftrightarrow \quad a &\approx 0{,}15 \end{aligned}$$

Wenn $a = 0{,}15$ ist, dann beträgt zum Zeitpunkt $t = 12$ die momentane Abflussrate 46 800 m^3 pro Stunde.

d) (1) Wenn wir uns Abbildung 2 genauer anschauen, stellen wir fest, dass die momentane Zuflussrate zunächst größer ist als die momentane Abflussrate. Also nimmt die Wassermenge im Rückhaltebecken zu. Bei $t \approx 13$ sind die momentane Zufluss- und die momentane Abflussrate gleich groß. Anschließend ist die momentane Zuflussrate kleiner als die momentane Abflussrate und die Wassermenge im Rückhaltebecken nimmt ab diesem Zeitpunkt ab.

Ungefähr 13 Stunden nach Beobachtungsbeginn ist die Wassermenge im Rückhaltebecken maximal.

(2) Die Differenzfunktion $d(t)$ beschreibt, wie stark der Zu- bzw. Abfluss zu einem bestimmten Zeitpunkt ist. Summieren wir den kompletten Zu- bzw. Abfluss über das Zeitintervall auf, dann erhalten wir die Bilanz vom insgesamt zugeflossenen und abgeflossenen Wasser. Das Ergebnis beschreibt also die Füllstandänderung des Beckens bezogen auf den Füllstand zu Beginn des Beobachtungszeitraums.

t_{max} liegt umgerechnet bei 5 Stunden und 20 Minuten. Also ist zu diesem Zeitpunkt nach Beobachtungsbeginn die Differenz zwischen der momentanen Zufluss- und der momentanen Abflussrate maximal und positiv. Die Wassermenge im Rückhaltebecken nimmt zu diesem Zeitpunkt am schnellsten zu.

(3) Wir haben uns in der b) (1) bereits überlegt, dass das Integral uns die gesamte zugeflossene Menge liefert. Das Integral über $g_{0,15}(t)$ liefert uns somit die gesamte abgeflossene Menge. Die Differenz dieser beiden Integrale ist dann die Änderung der Wassermenge während des gesamten Beobachtungszeitraums.

$$\begin{aligned} \int_0^{40} f(t)\,\mathrm{d}t - \int_0^{40} g_{0,15}(t)\,\mathrm{d}t &= \int_0^{40} (f(t) - g_{0,15}(t))\,\mathrm{d}t \\ &= \int_0^{40} \left(7\,200 \cdot t^2 \cdot e^{-0{,}25t} - 540t^3 e^{-0{,}25t}\right)\mathrm{d}t \\ &= 98\,181 \end{aligned}$$

Da dieser Wert größer ist als Null, ist am Ende des Beobachtungszeitraums mehr Wasser im Becken als zu Beginn.

(4) Das in der Teilaufgabe c) (3) angegebene Integral liefert uns genau den Unterschied des Wasserstandes zu Beginn und zum Ende des Beobachtungszeitraums. Kommt dort der Wert Null heraus, so haben wir zu beiden Zeitpunkten den selben Wasserstand und es ist somit genauso viel Wasser zugeflossen wie abgeflossen. Es muss also die folgende Gleichung nach a aufgelöst werden.

$$\int_0^{40} (f(t) - g_a(t))\,\mathrm{d}t = 0$$

Ein Ausrechnen ist hier nicht notwendig, da nur ein Ansatz geliefert werden soll.

Geometrie

Lösung:

a) (1) Damit das Dreieck *ABC* gleichseitig ist, müssen alle Seiten gleichlang sein. Wir berechnen also zunächst alle Seiten dieses Dreiecks:

Länge eines Vektors

$$\overline{AB} = \left| \begin{pmatrix} 10 \\ 10 \\ 0 \end{pmatrix} - \begin{pmatrix} 0 \\ 0 \\ 0 \end{pmatrix} \right| = \left| \begin{pmatrix} 10 \\ 10 \\ 0 \end{pmatrix} \right| = \sqrt{10^2 + 10^2 + 0^2} = 10 \cdot \sqrt{2}$$

$$\overline{AB} = \left| \begin{pmatrix} 10 \\ 0 \\ 10 \end{pmatrix} - \begin{pmatrix} 0 \\ 0 \\ 0 \end{pmatrix} \right| = \left| \begin{pmatrix} 10 \\ 0 \\ 10 \end{pmatrix} \right| = \sqrt{10^2 + 0^2 + 10^2} = 10 \cdot \sqrt{2}$$

$$\overline{AB} = \left| \begin{pmatrix} 10 \\ 10 \\ 0 \end{pmatrix} - \begin{pmatrix} 0 \\ 10 \\ 10 \end{pmatrix} \right| = \left| \begin{pmatrix} 10 \\ 0 \\ -10 \end{pmatrix} \right| = \sqrt{10^2 + 0^2 + (-10)^2} = 10 \cdot \sqrt{2}$$

Wir sehen, dass alle Seiten gleich lang sind. Daher ist das Dreieck *ABC* gleichseitig.

(2) Die Höhe eines gleichseitigen Dreiecks mit der Seitenlänge $a = 10 \cdot \sqrt{2}$ hat die Länge:

$$|\vec{h}| = \frac{\sqrt{3}}{2} \cdot a = \frac{\sqrt{3}}{2} \cdot 10 \cdot \sqrt{2} = 5 \cdot \sqrt{6}$$

Damit folgt für den Flächeninhalt des Dreiecks:

$$A_{ABC} = \frac{1}{2} \cdot \overline{AB} \cdot |\vec{h}|$$

$$= \frac{1}{2} \cdot 10 \cdot \sqrt{2} \cdot 5 \cdot \sqrt{6} = 25 \cdot \sqrt{12} = 50 \cdot \sqrt{3} \text{ [FE]}$$

Bei einem regelmäßigen Tetraeder sind alle vier Flächen gleich groß. Daraus folgt:

$$O_{\text{Tetraeder}} = 4 \cdot A_{ABC}$$

$$= 4 \cdot 50 \cdot \sqrt{3} = 200 \cdot \sqrt{3} \text{ [FE]}$$

(3) Das Volumen eines Würfels berechnet sich über

$$V_{\text{Würfel}} = a^3$$

mit der Kantenlänge a. Daraus folgt:

$$\begin{aligned} 1\,000 &= a^3 \quad \mid \sqrt[3]{\ldots} \\ \Leftrightarrow \quad 10 &= a \end{aligned}$$

Wir wissen also schon einmal, dass die Kantenlänge immer 10 sein muss.

Nun soll zudem noch das Tetraeder innerhalb des Würfels liegen und damit insbesondere alle Eckpunkte des Tetraeders. Betrachten wir zuerst die Punkte A und B in der x_1x_2-Ebene. Der Punkt A liegt im Ursprung. Um zum Punkt B zu kommen, müssen wir 10 LE entlang der x_1-Achsen wandern und dann nochmal 10 LE entlang der x_2-Achse. Da die Kantenlänge 10 LE sein soll, bietet es sich hier sofort an, die beiden Punkte (10|0|0) und (0|10|0) mit dazuzunehmen.

Da die Höhe des Würfels auch 10 LE sein muss, addieren wir zu jedem der vorhandenen Punkte 10 LE auf die x_3-Koordinate um die weiteren Punkte zu bekommen. Dadurch werden auch die zwei anderen Eckpunkte des Tetraeders angenommen und das Tetraeder liegt somit im Würfel.

Die Eckpunkte des Würfels sind also bei

$W_1(0|0|0)$, $W_2(10|0|0)$, $W_3(10|10|0)$, $W_4(0|10|0)$,

$W_5(0|0|10)$, $W_6(10|0|10)$, $W_7(10|10|10)$, $W_8(0|10|10)$.

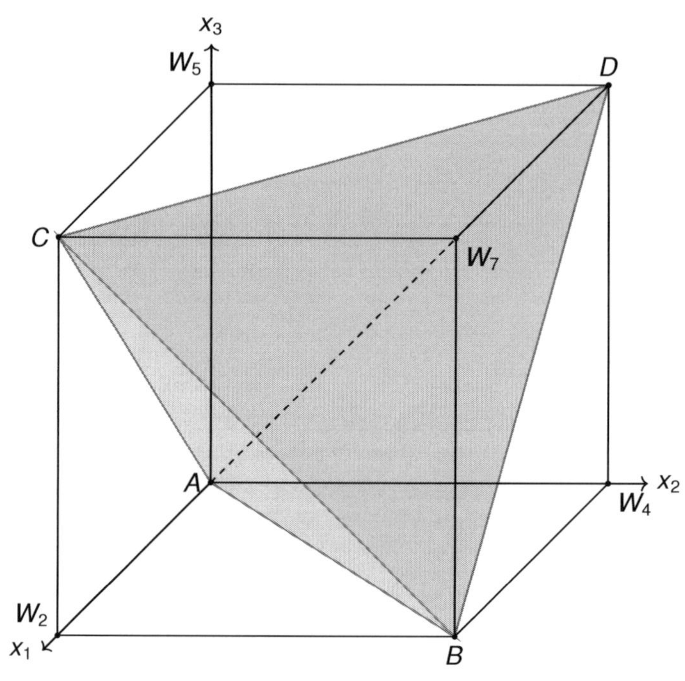

b) (1) Am einfachsten können wir die Koordinatengleichung einer Ebene mit Hilfe des Kreuzproduktes aufstellen. Denn damit lässt sich der Normalenvektor einer Ebene aufstellen. Mit den Vektoren $\overrightarrow{AB}$ und $\overrightarrow{AC}$ folgt:

Kreuzprodukt

$$\overrightarrow{AB} \times \overrightarrow{AC} = \begin{pmatrix} 10 \\ 10 \\ 0 \end{pmatrix} \times \begin{pmatrix} 10 \\ 0 \\ 10 \end{pmatrix} = \begin{pmatrix} 10 \cdot 10 - 0 \cdot 0 \\ 0 \cdot 10 - 10 \cdot 10 \\ 10 \cdot 0 - 10 \cdot 10 \end{pmatrix} = 100 \cdot \begin{pmatrix} 1 \\ -1 \\ -1 \end{pmatrix}$$

Die Koeffizienten eines beliebigen Normalenvektors der Ebene ergeben die Koeffizienten der Koordinatenform einer Ebene. Daraus folgt für die Koordinatenform $E : x_1 - x_2 - x_3 = d$.

Jetzt fehlt nur noch d. Dafür setzen wir einen Punkt (hier A, da alle Komponenten 0 sind) der Ebene ein und erhalten mit

Koordinatenform

$$0 - 0 - 0 = d$$

die Ebenenform $E : x_1 - x_2 - x_3 = 0$.

(2) Da wir bereits die Seiten durch Vektoren beschrieben haben und ein Punkt der Ebene im Ursprung $A(0|0|0)$ liegt, können wir die Parameterform der Ebene sofort aufstellen:

Parameterform mit 3 Punkten

$$E : \vec{x} = \overrightarrow{0A} + u \cdot \overrightarrow{AB} + v \cdot \overrightarrow{AC} = u \cdot \begin{pmatrix} 10 \\ 10 \\ 0 \end{pmatrix} + v \cdot \begin{pmatrix} 10 \\ 0 \\ 10 \end{pmatrix}$$

Damit wirklich nur die Dreiecksfläche beschrieben wird, müssen wir die Parameter u und v noch eingrenzen. Mit $u, v \geq 0$ und $u + v \leq 1$ wird genau die Dreiecksfläche beschrieben.

(3) Da das Tetraeder regelmäßig ist, ergeben sich das Volumen als Produkt von der Grundfläche (beliebige Fläche des Tetraeders, da es regelmäßig ist) und Höhe. Da wir eine Seitenfläche A_{ABC} bereits in a) (2) berechnet haben, fehlt uns noch die Höhe. Die Höhe des Tetraeders $ABCD$ entspricht dem Abstand des Punktes D von der Ebene E. Und da die Ebene in Koordinatenform vorliegt, verwenden wir folgende Abstandsformel:

$$d(D; E) = \frac{|n_1 \cdot d_1 + n_2 \cdot d_2 + n_3 \cdot d_3 - 0|}{\sqrt{n_1^2 + n_2^2 + n_3^2}}$$

$$= \frac{1 \cdot 0 + (-1) \cdot 10 + (-1) \cdot 10}{\sqrt{1^2 + (-1)^2 + (-1)^2}} = \frac{20}{\sqrt{3}} \text{ [LE]}$$

Damit ergibt sich das Volumen zu

$$V_{\text{Tetraeder}} = \frac{1}{3} \cdot A_{ABC} \cdot d = \frac{1}{3} \cdot 50 \cdot \sqrt{3} \cdot \frac{20}{\sqrt{3}} = \frac{1\,000}{3} \text{ [VE]}.$$

Schnittwinkel

c) (1) Um den Winkel zwischen zwei Ebenen zu bestimmen, bestimmen wir den Winkel zwischen den Normalenvektoren der Ebenen. Da die Vorfaktoren in der Koordinatengleichung den Koeffizienten des Normalenvektors entsprechen, können wir die Normalenvektoren direkt ablesen:

$$\vec{n}_I = \begin{pmatrix} 0 \\ -1 \\ 1 \end{pmatrix} \quad \text{und} \quad \vec{n}_J = \begin{pmatrix} 1 \\ 0 \\ 1 \end{pmatrix}$$

Daraus ergibt sich für den Winkel

$$\cos\alpha = \frac{|\vec{n}_I \bullet \vec{n}_J|}{|\vec{n}_I| \cdot |\vec{n}_J|} = \frac{\left|\begin{pmatrix} 0 \\ -1 \\ 1 \end{pmatrix} \bullet \begin{pmatrix} 1 \\ 0 \\ 1 \end{pmatrix}\right|}{\left|\begin{pmatrix} 0 \\ -1 \\ 1 \end{pmatrix}\right| \cdot \left|\begin{pmatrix} 1 \\ 0 \\ 1 \end{pmatrix}\right|} = \frac{1}{\sqrt{2} \cdot \sqrt{2}} = \frac{1}{2}$$

Daraus folgt dann $\alpha = \cos^{-1}(\frac{1}{2}) = 60°$.

(2) Der Taschenrechner liefert als Lösung für das LGS:

$$\vec{x} = \begin{pmatrix} 5 \\ 5 \\ 5 \end{pmatrix}$$

Das Lösen des LGS liefert uns einen Punkt, der alle drei Gleichungen erfüllt. Wenn ein Punkt eine Gleichung erfüllt, liegt der Punkt auf der entsprechenden Ebene. Somit liegt der gefundene Punkt in allen Ebenen und ist somit der Punkt, in dem sich alle drei Ebenen schneiden.

d) (1) Jedes der neuen Dreiecke hat den Flächeninhalt $\frac{\sqrt{2}}{4} \cdot a^2$ [FE]. Da wir 6 dieser Flächen haben, beträgt der gesamte Flächeninhalt der Seifenhaut:

$$6 \cdot A'_{\text{Dreieck}} = 6 \cdot \frac{\sqrt{2}}{4} \cdot a^2 = \frac{3}{\sqrt{2}} \cdot a^2 \text{ [FE]}$$

Der prozentuale Anteil berechnet sich als Quotient der Seifen- und Tetraederfläche. Da wir wissen wollen, um wie viel dieser kleiner ist, müssen wir den Anteil noch von 100% abziehen:

$$1 - \frac{6 \cdot A'_{\text{Dreieck}}}{O'} = 1 - \frac{\frac{3}{\sqrt{2}} \cdot a^2}{2 \cdot a^2 \cdot \sqrt{3}} \approx 0{,}3876$$

Damit ist der gesamte Flächeninhalt der Seifenhaut um ca. 38,76 % kleiner als der Oberflächeninhalt des Tetraeders.

(2) Mit Hilfe des Normalenvektors der Ebene E lässt sich eine Gerade aufstellen, die durch den Punkt D' geht und senkrecht auf der Ebene steht. Die Gerade hat die Form

$$g : \vec{x} = \overrightarrow{0D'} + t \cdot \vec{n}_E = \begin{pmatrix} 0 \\ a \\ a \end{pmatrix} + t \cdot \begin{pmatrix} 1 \\ -1 \\ -1 \end{pmatrix}, \; t \in \mathbb{R}$$

Um den Lotfußpunkt zu bestimmen, berechnen wir den Schnittpunkt der Gerade und der Ebene. Da die Ebene in Koordinatenform gegeben ist, fassen wir die Gerade als einen Punkt auf und bestimmen, für welches t diese allgemeine Schreibweise zu einem Punkt, der tatsächlich in der Ebene liegt, führt (also die Ebenengleichung erfüllt).

Schnittpunkt Gerade – Ebene

$$\begin{aligned} & -t + (a - t) + (a - t) &= 0 & \\ \Leftrightarrow \quad & -3t + 2a &= 0 & \quad | -2a \\ \Leftrightarrow \quad & 3t &= 2a & \quad | \div (-3) \\ \Leftrightarrow \quad & t &= \tfrac{2}{3}a & \end{aligned}$$

Für $t = \frac{2}{3}a$ ist die Ebenengleichung erfüllt. Einsetzen von t in g liefert den

$$\text{Lotfußpunkt:} \quad F'\left(\frac{2}{3}a \,\middle|\, \frac{1}{3}a \,\middle|\, \frac{1}{3}a\right)$$

(3) Da $|\overrightarrow{F'S'}|$ die Länge der Höhe einer der vier volumengleichen Pyramiden und $|\overrightarrow{F'D'}|$ die Länge der Höhe des Tetraeders $A'B'C'D'$ ist, muss bei gleicher Grundfläche $|\overrightarrow{F'S'}| = \frac{1}{4} \cdot |\overrightarrow{F'D'}|$ gelten.
Außerdem zeigen beide Vektoren in dieselbe Richtung. Deshalb folgt:

$$\overrightarrow{0S'} = \overrightarrow{0F'} + \tfrac{1}{4} \cdot \overrightarrow{F'D'} = \begin{pmatrix} \frac{2}{3}a \\ \frac{1}{3}a \\ \frac{1}{3}a \end{pmatrix} + \tfrac{1}{4} \cdot \begin{pmatrix} -\frac{2}{3}a \\ \frac{2}{3}a \\ \frac{2}{3}a \end{pmatrix} = \begin{pmatrix} \frac{1}{2}a \\ \frac{1}{2}a \\ \frac{1}{2}a \end{pmatrix}$$

Und somit lauten die Koordinaten $S'\left(\frac{1}{2}a \,\middle|\, \frac{1}{2}a \,\middle|\, \frac{1}{2}a\right)$.

Stochastik

Lösung:

a) (1) Damit die angetretenen Buchungen als binomialverteilt angenommen werden können, müssen die folgenden Punkte gelten:

- Die Wahrscheinlichkeit, dass eine Buchung auch wirklich angetreten wird, muss unabhängig voneinander immer bei $p = 0{,}95$ liegen.
- Das Antreten einzelner Buchungen muss in jedem Fall unabhängig voneinander betrachtet werden. Die einzelnen Wahrscheinlichkeiten bedingen sich also nicht gegenseitig.
- Für jede Buchung gibt es nur 2 Möglichkeiten:
  Das **Antreten** und das **Nichtantreten**.

Binomial-
verteilung

(2) Die einzelnen Ergebnisse lassen sich mit dem Taschenrechner lösen. Mit $p = 0{,}95$ und $n = 59$ gilt:

E_1: Genau (=) 59 Buchungen werden angetreten:

$$P_{59;0,95}(X = 59) \approx 0{,}0485$$

E_2: Mindestens ($\geq$) 55 Buchungen werden angetreten:

$$P_{59;0,95}(X \geq 55) = 1 - P_{59;0,95}(X \leq 54) \approx 0{,}8281$$

b) (1) Damit mehr als eine Person die Reise wegen Überbuchung nicht antreten kann, müssen bei 96 verfügbaren Plätzen mindestens 98 Personen die Reise antreten. Wir bestimmen also mit Hilfe des Taschenrechners folgende Wahrscheinlichkeit:

$$P_{99;0,95}(98 \leq X \leq 99) = 0{,}0387$$

(2) Gesucht ist das größte n, für das $P_{n;0,95}(X \geq 97) \leq 0{,}05$ gilt.
Wir fangen also bei $n = 99$ an und gehen immer einen runter, bis die Anforderung erfüllt ist. Der Taschenrechner liefert uns:

$$P_{99;0,95}(X \geq 97) \approx 0{,}1225$$
$$P_{98;0,95}(X \geq 97) \approx 0{,}0404$$

Demnach darf das Unternehmen höchstens 98 Buchungen bestätigen, um das Risiko der Überbuchung auf 5% zu begrenzen.

(3) Es werden 99 Buchungen für 96 Plätze bestätigt.

Über-
buchung

Die erwarteten Kosten K für die Erstattung und Entschädigung der Personen berechnen sich durch:

$$\begin{aligned} K &= P_{99;0,95}(X = 97) \cdot 320\,€ \\ &\quad + P_{99;0,95}(X = 98) \cdot 640\,€ \\ &\quad + P_{99;0,95}(X = 99) \cdot 960\,€ \\ &\approx 53{,}56\,€ \end{aligned}$$

Die Zusatzeinnahmen E durch die Überbuchungen berechnen sich durch:

$$E = 3 \cdot 20\,€ = 60\,€$$

Bei der beschriebenen Praxis entsteht im Mittel ein Gewinn von

$$60\,€ - 53{,}56\,€ = 6{,}44\,€$$

für das Busunternehmen. Die Praxis lohnt sich aus finanzieller Sicht im Mittel.

c) (1) Bisher lag der Anteil der kurzfristigen Stornierungen bei 7%. Das Busunternehmen möchte seine Vermutung $H_1 : p < 0{,}07$ absichern und nur bei signifikanten Abweichungen vom bisherigen Wert $p \geq 0{,}07$ zur Vermutung übergehen.

Somit wird $H_0 : p \geq 0{,}07$ als Nullhypothese getestet.

(2) X sei die Anzahl der Buchungen, die kurzfristig storniert werden.

Da

$$\begin{aligned} & P_{1000;0,07}(X \leq 56) \approx 0{,}0437 \\ \text{und} \quad & P_{1000;0,07}(X \leq 57) \approx 0{,}0574 \end{aligned}$$

gilt, wird das Busunternehmen von einem Erfolg der Maßnahme ausgehen, falls die Anzahl der kurzfristig stornierten Buchungen höchstens 56 beträgt.

(3) Die Wahrscheinlichkeit für den Fehler 2. Art liegt bei

$$P_{1000;0,04}(X \geq 52) \approx 0{,}0357.$$

Zufällig werden in der Stichprobe mehr als 51 Buchungen kurzfristig storniert. Die Nullhypothese wird demnach nicht verworfen, obwohl der Anteil der kurzfristig stornierten Buchungen nur noch 4% beträgt.

2 Abi Klausur 2021 – Leistungskurs

2.1 Aufgaben

2.1.1 Prüfungsteil A

Bei der Bearbeitung der Aufgaben dürfen **keine Hilfsmittel** verwendet werden.

- Arbeitszeit: max. 70 Minuten
- Hinweis: Die Aufgaben sind nicht direkt einem Thema zugewiesen, wie es die folgende Tabelle vermuten lässt.
- Übersicht zur **Punkteverteilung** und **Tracking** deines Fortschritts:

Thema	Aufgabe	Teilaufgabe	Punkte	Erledigt?
Analysis	a)	(1)	1	
		(2)	4	
	b)	(1)	2	
		(2)	3	
	c)	(1)	3	
		(2)	2	
	d)	(1)	2	
		(2)	3	
Vektorielle Geometrie	e)	(1)	2	
		(2)	3	
Stochastik	f)	(1)	1	
		(2)	2	
		(3)	2	

Aufgabenstellung:

a) Gegeben ist eine in $\mathbb{R}$ definierte Funktion f mit

$$f(x) = x^4 - k \cdot x^2,$$

wobei k eine positive reelle Zahl ist. Abbildung 1 zeigt den Graphen von f.

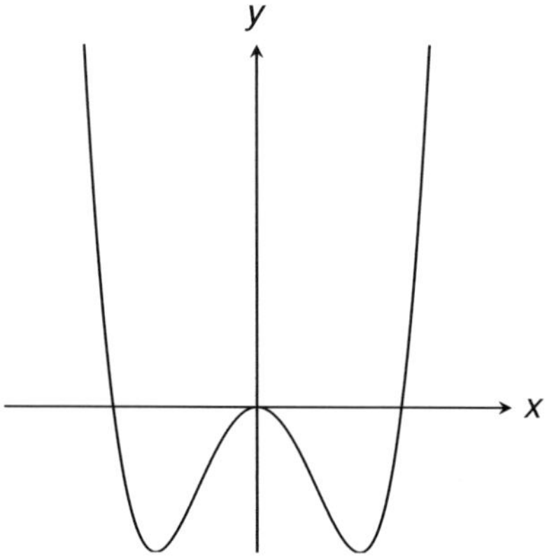

Abb. 1

(1) Zeigen Sie, dass $f'(x) = 2x \cdot (2x^2 - k)$ eine Gleichung der ersten Ableitungsfunktion von f ist.

(2) Die beiden Tiefpunkte des Graphen haben jeweils die y-Koordinate -1. Ermitteln Sie den Wert von k.

b) Die Funktion f ist gegeben durch $f(x) = -x^3+9x^2-23x+15$, $x \in \mathbb{R}$. Die Funktion F ist eine Stammfunktion zur Funktion f. Der Graph von f ist in Abbildung 2 dargestellt.

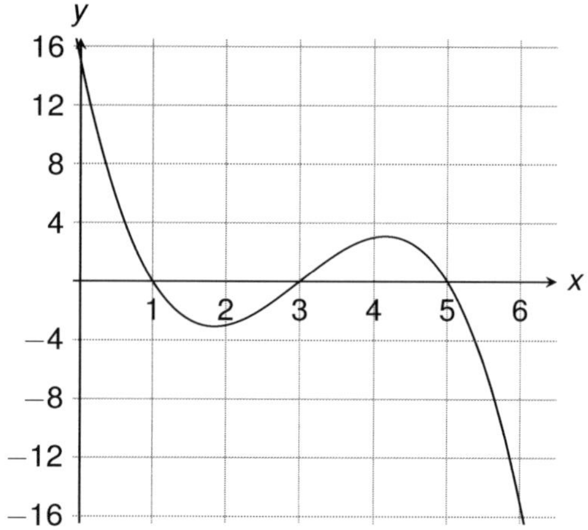

Abb. 2

(1) Interpretieren Sie die Aussage $F(5) - F(1) = 0$ in Bezug auf den Graphen von f.

(2) Berechnen Sie $\int_0^1 f(x)\,dx$.

c) Gegeben ist die Funktion f mit $f(x) = (x^2 + 2x) \cdot e^{-x+4}$ mit $x \in \mathbb{R}$.

Der Graph von f ist in Abbildung 3 dargestellt.

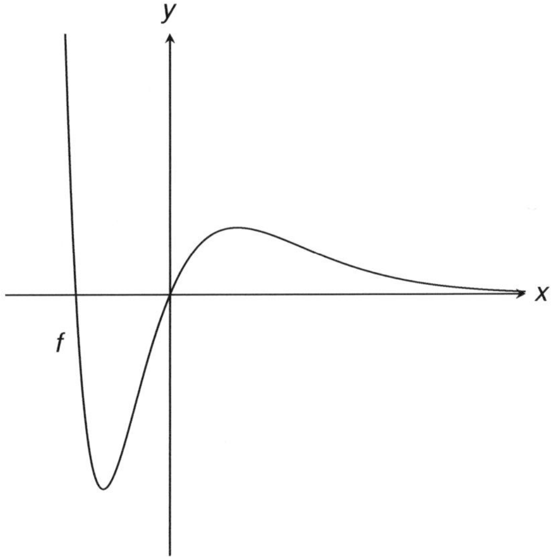

Abb. 3

(1) Die Funktion f besitzt genau zwei Extremstellen.
Ermitteln Sie die beiden Extremstellen von f.
Hinweis: Ein Nachweis der hinreichenden Bedingung ist nicht erforderlich.

(2) Skizzieren Sie in Abbildung 3 den Graphen der ersten Ableitungsfunktion von f.
Hinweis: Die Größe der y-Werte kann dabei unberücksichtigt bleiben.

d) Für jedes $a \in \mathbb{R}$ ist durch die Gleichung

$$f_a(x) = \frac{1}{2}(x + 2)(3x + a)^2 e^x, \ x \in \mathbb{R},$$

eine Funktion f_a gegeben.

In Abbildung 4 ist der Graph der Funktion f_a für $a = 0$ abgebildet.

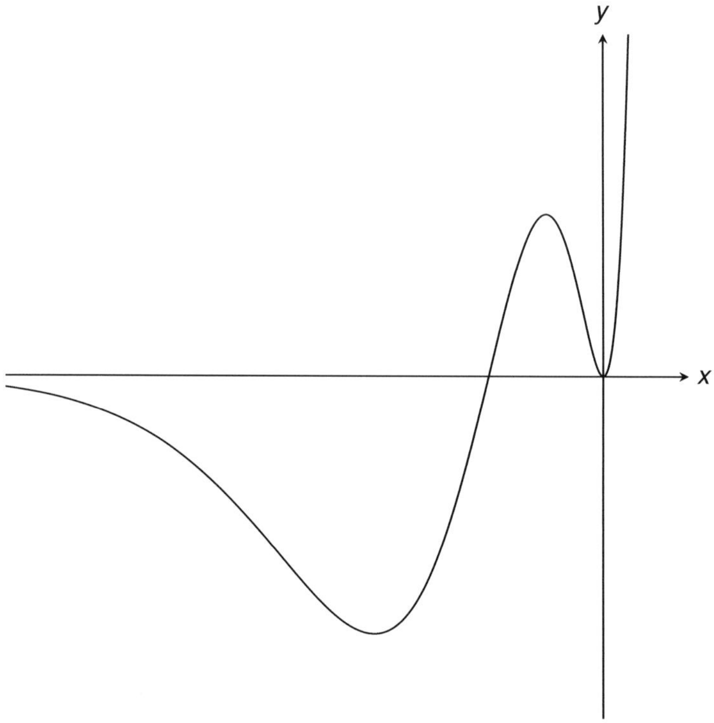

Abb. 4

(1) Es gibt genau einen Wert von a, sodass die Funktion f_a nur eine Nullstelle besitzt.

Ermitteln Sie diesen Wert von a.

(2) Ermitteln Sie, für welche Werte von a der Punkt $P(3|90e^3)$ auf dem Graphen der Funktion f_a liegt.

e) Betrachtet werden die Ebene E und für $a \in \mathbb{R}$ die Gerade g mit

$$E: x_1 - x_2 + x_3 - 3 = 0 \quad \text{und} \quad g_a: \vec{x} = \begin{pmatrix} 1 \\ -2 \\ 0 \end{pmatrix} + s \cdot \begin{pmatrix} 2 \\ 1+a \\ 2 \end{pmatrix} \quad \text{mit } s \in \mathbb{R}.$$

(1) Bestimmen Sie denjenigen Wert von a, für den die Gerade g_a senkrecht zu E steht.

(2) Untersuchen Sie, ob es einen Wert von a gibt, für den die Gerade g_a in E liegt.

f) Bei einem Gewinnspiel beträgt der Einsatz für die Teilnahme 3 Euro. Die Auszahlung in Euro wird durch die Zufallsgröße A beschrieben. Abbildung 5 zeigt die Wahrscheinlichkeitsverteilung von A.

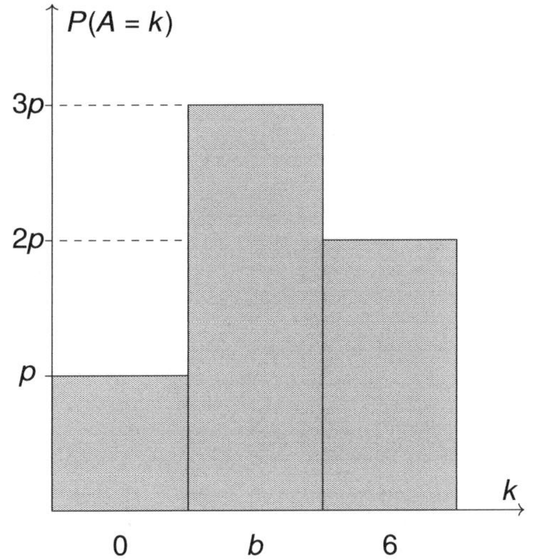

Abb. 5

(1) Zeigen Sie, dass p den Wert $\frac{1}{6}$ hat.

(2) Bei wiederholter Durchführung des Spiels ist zu erwarten, dass sich auf lange Sicht Einsätze und Auszahlungen ausgleichen.
Berechnen Sie den Wert von b.

(3) Beschreiben Sie, wie das Gewinnspiel unter Verwendung eines Behälters sowie roter, grüner und blauer Kugeln durchgeführt werden könnte.

2.1.2 Prüfungsteil B

Bei der Bearbeitung der Aufgaben dürfen **Hilfsmittel** (GTR, Mathematische Formelsammlung, Wörterbuch zur deutschen Rechtschreibung) verwendet werden.

- Arbeitszeit: mind. 200 Minuten
- Übersicht zur **Punkteverteilung** und **Tracking** deines Fortschritts:

Thema	Aufgabe	Teilaufgabe	Punkte	Erledigt?
Analysis	a)	(1)	1	
		(2)	2	
		(3)	3	
	b)	(1)	4	
		(2)	3	
		(3)	3	
	c)	(1)	3	
		(2)	2	
		(3)	5	
	d)		4	
	e)	(1)	4	
		(2)	4	
		(3)	2	
Vektorielle Geometrie	a)	(1)	7	
		(2)	4	
	b)		5	
	c)	(1)	2	
		(2)	2	
		(3)	5	
Stochastik	a)	(1)	7	
		(2)	4	
	b)	(1)	2	
		(2)	4	
		(3)	3	
	c)		5	

Analysis

Aufgabenstellung:

Die Funktion f ist gegeben durch die Gleichung

$$f(x) = 10 \cdot (x - 1) \cdot e^{-x}, \quad x \in \mathbb{R}.$$

Der Graph von f ist in Abbildung 1 dargestellt.

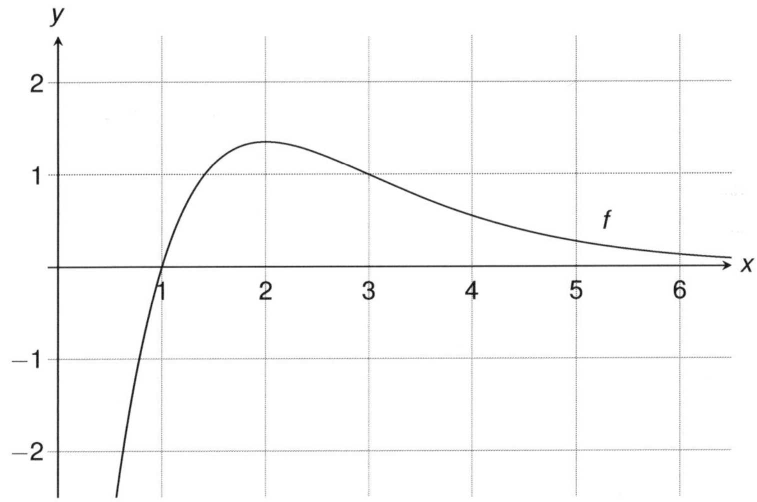

Abb. 1

a) (1) Begründen Sie, dass $x = 1$ die einzige Nullstelle von f ist.

(2) Zeigen Sie: $f'(x) = 10 \cdot (2 - x) \cdot e^{-x}$.

(3) Untersuchen Sie f rechnerisch auf lokale Extremstellen.

b) (1) Gegeben ist die Funktion t mit $t(x) = -10e^{-3} \cdot x + 50e^{-3}$, $x \in \mathbb{R}$ und der Wendepunkt $W(3|f(3))$ des Graphen von f.

Weisen Sie rechnerisch nach, dass der Graph von t die Tangente an den Graphen von f im Punkt W ist.

(2) Die Schnittpunkte der in b) (1) gegebenen Tangente mit den beiden Koordinatenachsen legen eine Strecke fest.

Berechnen Sie die Länge dieser Strecke.

(3) Im Intervall $[1; 5]$ begrenzen der Graph von f und die in b) (1) gegebene Tangente zusammen mit der x-Achse eine Fläche F (siehe Abb. 2).

Bestimmen Sie den Flächeninhalt von F.

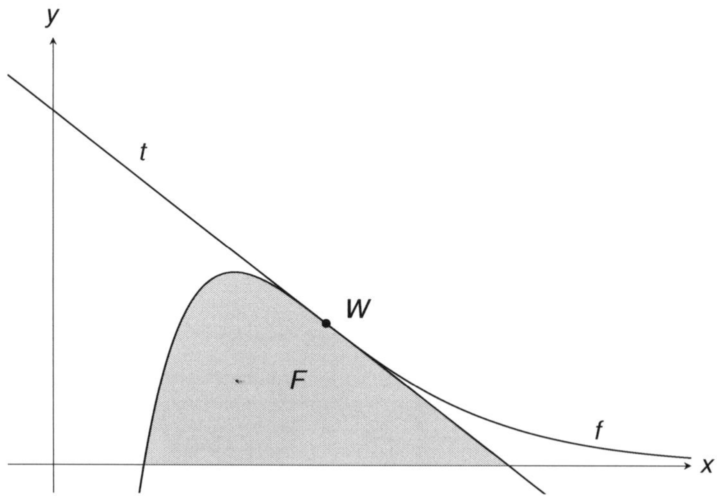

Abb. 2

c) Die Gerade g ist die Parallele zur x-Achse durch den Hochpunkt $H(2|f(2))$ des Graphen von f. Die y-Achse, g und der Graph von f schließen eine Fläche ein (siehe Abb. 3).

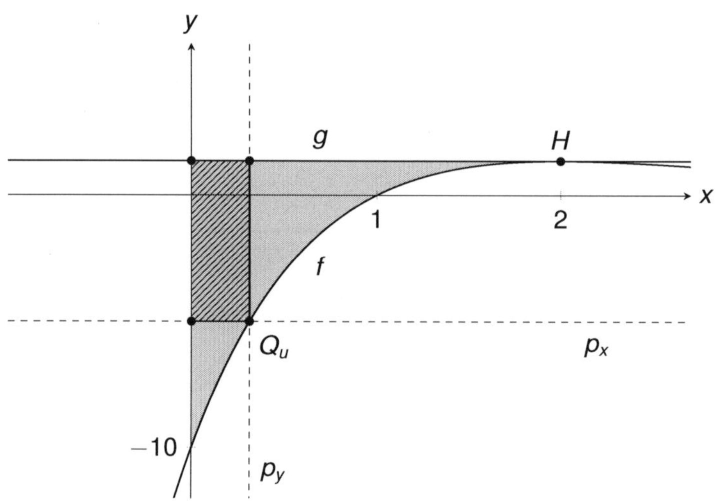

Abb. 3

(1) Ermitteln Sie den Inhalt dieser Fläche.

$Q_u(u|f(u)), 0 < u < 2$, ist ein Punkt auf dem Graphen von f. Die Parallelen durch Q_u zu den beiden Koordinatenachsen werden mit p_x und p_y bezeichnet. Die y-Achse, g, p_x und p_y begrenzen ein Rechteck (siehe schraffierte Fläche in Abb. 3).

(2) Ermitteln Sie den Flächeninhalt dieses Rechtecks für den Fall, dass Q_u mit dem Schnittpunkt übereinstimmt, den der Graph von f mit der x-Achse hat.

(3) Untersuchen Sie, um wie viel Prozent sich der Wert aus (2) maximal vergrößern lässt, wenn für $Q_u(u|f(u))$ eine andere Position mit $0 < u < 2$ gewählt wird.

d) Die Gerade mit der Gleichung $y = x$ wird als „1. Winkelhalbierende“ bezeichnet. Es gibt genau eine Tangente t_R an dem Graphen von f, die parallel zur 1. Winkelhalbierenden ist. Eine mit vier Nachkommastellen angegebene näherungsweise Gleichung für t_R ist

$$y = x - 0{,}3824.$$

Ermitteln Sie rechnerisch den Abstand, den die Tangente t_R von der 1. Winkelhalbierenden hat.

e) Die Funktion f gehört zur Schar h_a, die gegeben ist durch

$$h_a(x) = 10 \cdot (x - a) \cdot e^{-x},\ x \in \mathbb{R}, a \in \mathbb{R}.$$

Ohne Nachweis kann verwendet werden

$$h_a''(x) = 10 \cdot (x - a - 2) \cdot e^{-x}.$$

Der Graph von h_a besitzt genau einen Wendepunkt W_a.

(1) Ermitteln Sie die Koordinaten des Wendepunktes W_a.
Hinweis: Ein Nachweis der hinreichenden Bedingung ist hier nicht erforderlich.

(2) t_a ist die Tangente im Wendepunkt W_a. Eine Gleichung für t_a ist

$$y = -10 \cdot e^{-a-2} \cdot x + 10 \cdot (a + 4) \cdot e^{-a-2}.$$

Für $a \neq -4$ begrenzt t_a mit den beiden Koordinatenachsen ein Dreieck. Leiten Sie einen Term für den Flächeninhalt A_D des Dreiecks her.

[Zur Kontrolle: $A_D(a) = 5 \cdot (a + 4)^2 \cdot e^{-a-2}$]

(3) Ermitteln Sie einen Wert von a, für den die Dreiecksfläche die Größe 10 FE hat.

Geometrie

Aufgabenstellung:

Bei einem Secret-Sharing-Verfahren wird ein Geheimnis in Teilgeheimnisse auf verschiedene Personen aufgeteilt, um die Verantwortung in mehrere Hände zu legen. Es kann sinnvoll sein, dass ein geheimer Code, z.B. zum Öffnen eines Tresors, nicht einer Person alleine bekannt ist, sondern lediglich von mehreren Personen gemeinsam ermittelt werden kann.

Unternehmen können ein solches Verfahren beispielsweise auf geometrischer Basis realisieren. Hierbei kann eine Auswahl von Mitarbeitenden mit Kenntnissen über notwendige Teilgeheimnisse den geheimen Code ermitteln, indem sie ihre Teilgeheimnisse in ein Computersystem eingeben, welches mit den Eingaben geometrischer Fragestellungen löst.

Vereinfachend wird im Folgenden angenommen, dass der zu ermittelnde geheime Code immer aus drei Ziffern besteht.

a) (1) Das Computersystem kennt die Gerade g mit

$$g: \vec{x} = \begin{pmatrix} 1 \\ 3 \\ 4 \end{pmatrix} + t \cdot \begin{pmatrix} 4 \\ -2 \\ -1 \end{pmatrix}, t \in \mathbb{R}$$

Die Punkte $A(0|-3|-1), B(4|2|1)$ und $C(1|-1|-1)$ liegen in einer Ebene H. Drei eingeweihte Mitarbeitende kennen als Teilgeheimnisse die Koordinaten von jeweils einem dieser Punkte. Der geheime Code wird durch die Koordinaten des Schnittpunktes S der Geraden g mit der Ebene H ermittelt.

(i) Die Koordinaten der Punkte A, B und C werden ins System eingegeben.
Berechnen Sie den geheimen Code.

(ii) Der Punkt S liegt nicht auf der Geraden durch A und B. Ein vierter Mitarbeitender erhält den Punkt $D(12|12|5)$ als Teilgeheimnis. Der Punkt D liegt in der Ebene H.
Begründen Sie, warum bei der Eingabe der Koordinaten der Punkte A, B und D das System den geheimen Code trotzdem nicht ermitteln kann.

(2) Es ist nicht nur möglich, die Koordinaten von Punkten von Ebenen in das System einzugeben, das System kann auch andere Informationen über die Ebene verarbeiten, z.B. die Koordinaten eines Normalenvektors. Eine Geschäftsführerin kennt als Teilgeheimnis die Koordinaten eines Normalenvektors der Ebene H.

(i) Begründen Sie, warum die Geschäftsführerin bereits zusammen mit einem beliebigen der vier eingeweihten Mitarbeiter den geheimen Code ermitteln kann.

(ii) Berechnen Sie einen Normalenvektor von H.

b) Ein anderes Unternehmen verwendet als geheimen Code die ersten drei Ziffern der ungerundeten Dezimaldarstellung des Volumens einer quadratischen Pyramide. Die quadratische Grundfläche der Pyramide liegt in der dem System bekannten Ebene $Q : -3x_1 + 4x_3 = 9$. Eine Geschäftsführerin kennt $(1{,}5|3{,}5|6{,}5)$ als Koordinaten der Spitze der Pyramide. Die Mitarbeitenden kennen als Teilgeheimnisse die Koordinaten von jeweils einem Eckpunkt der Grundfläche.

Drei Mitarbeitende und die Geschäftsführerin geben ihre Teilgeheimnisse $(1|1|3)$, $(1|6|3)$, $(5|1|6)$ und $(1{,}5|3{,}5|6{,}5)$ ein.

Berechnen Sie den geheimen Code.

c) Ein weiteres Unternehmen verwendet als geheimen Code die ersten drei Nachkommastellen der ungerundeten Länge der Höhe $h_{\overline{IJ}}$ eines gleichschenkligen Dreiecks IJK mit der Basis $\overline{IJ}$.

Zwei Mitarbeitende kennen als Teilgeheimnisse mit $I(4|3|2)$ bzw. $J(8|6|-1)$ jeweils die Koordinaten eines der beiden Eckpunkte der Basis $\overline{IJ}$, ein dritter eingeweihter Mitarbeitender kennt mit $K(6|5|1)$ die Koordinaten der Spitze des gleichschenkligen Dreiecks IJK.

(1) Zeigen Sie, dass I, J und K die Eckpunkte eines gleichschenkligen Dreiecks mit der Basis $\overline{IJ}$ sind.

(2) Berechnen Sie den geheimen Code.

[Zur Kontrolle: Der geheime Code ist 707.]

(3) Der Punkt $L(6|4|0)$ ergibt sich durch Spiegelung des Punktes K an der Geraden IJ [Ein Nachweis ist nicht erforderlich]. Mit den Koordinaten von L kann ein anderer Mitarbeitender zusammen mit den Mitarbeitenden, die die Koordinaten von I und J kennen, den geheimen Code ermitteln.

Ein weiterer Mitarbeitender soll die Koordinaten eines Punktes P erhalten, der wie K bzw. L zusammen mit den Punkten I und J ein gleichschenkliges Dreieck IJP mit der Basis $\overline{IJ}$ bildet. Auch aus den Koordinaten von I, J und P soll sich in gleicher Weise wie oben beschrieben der in c) (2) berechnete geheime Code ergeben.

(i) Beschreiben Sie die Lage geeigneter Punkte.

(ii) Aus Sicherheitsgründen sollen sich die Koordinaten des Punktes P von den Koordinaten der beiden Punkte K und L unterscheiden.
Ermitteln Sie rechnerisch die Koordinaten eines geeigneten Punktes P.
Hinweis: Die Koordinaten des Punktes P müssen nicht ganzzahlig sein.

Stochastik

Aufgabenstellung:

Im Jahr 2018 wurden in Nordrhein-Westfalen etwa 390000 praktische Führerscheinprüfungen abgelegt. Der relative Anteil von bestandenen Prüfungen lag in dem Jahr bei etwa 70%.

Für eine Fahrschule, in der n praktische Prüfungen durchgeführt werden, beschreibt im Folgenden die Zufallsgröße X jeweils die Anzahl an bestandenen Prüfungen. Es wird vereinfachend angenommen, dass X stets binomialverteilt ist.

a) Bei einer Fahrschulkette geht man am Standort Düsseldorf für das Jahr 2021 von insgesamt 250 praktischen Führerscheinprüfungen aus. Im Modell wird angenommen, dass X binomialverteilt mit $p = 0{,}7$ ist.

(1) Ermitteln Sie für die folgenden Ereignisse jeweils die Wahrscheinlichkeit:

$E1$: „Es werden höchstens 160 praktische Prüfungen bestanden."

$E2$: „Es werden mehr als 80% der praktischen Prüfungen bestanden."

$E3$: „Die Anzahl der bestandenen praktischen Prüfungen ist um fünf größer als der Erwartungswert."

(2) (i) Bestimmen Sie die Wahrscheinlichkeit, dass mindestens 165 praktische Prüfungen bestanden werden.

(ii) Ermitteln Sie, wie groß die Zahl k mindestens gewählt werden muss, damit die Wahrscheinlichkeit für mindestens k bestandene praktische Prüfungen kleiner oder gleich 60% ist.

b) Die Fahrschulkette plant für das Jahr 2022 die Eröffnung einer Filiale in Soest. Im Jahr 2022 sollen die ersten praktischen Prüfungen stattfinden. Die Zentrale hat viel Geld in die digitale Ausstattung des Standorts investiert. Sie ist zuversichtlich, dass an dem neuen Standort die Ausblidungsstandards so gut sind, dass im Schnitt mehr als 70% der praktischen Prüfungen bestanden werden. Um einen Anhaltspunkt dafür zu bekommen, ob die Qualität diesen Erwartungen entspricht, soll die Nullhypothese „der Anteil der bestandenen praktischen Führerscheinprüfungen liegt bei höchstens 70%" auf einem Signifikanzniveau von 5% untersucht werden.

(1) Erläutern Sie, für welchen Fehler die Zentrale mit der Wahl der Nullhypothese die zugehörige Wahrscheinlichkeit klein halten möchte.

(2) Die Zentrale geht davon aus, dass 200 Prüfungen im Jahr 2022 abgelegt werden.
Bestimmen Sie die zugehörigen Entscheidungsregel.

(3) Ermitteln Sie die Wahrscheinlichkeit, dass die Zentrale zu der Einschätzung kommt, dass die Ausbildungsqualität nicht den Erwartungen entspricht, obwohl die Ausbildungsqualität dazu führt, dass jede Prüfung sogar mit einer Wahrscheinlichkeit von 75% bestanden wird.

c) Eine andere Fahrschulkette führt für den Standort Bielefeld eine Prognose für das Jahr 2021 durch. Von der Prognose ist bekannt, dass der zu erwartende Wert an bestandenen praktischen Fahrprüfungen 255 beträgt. Die Standardabweichung liegt bei einem Wert von 6,18.

Berechnen Sie den Stichprobenumfang n und die Wahrscheinlichkeit p einer dazu passenden binomialverteilten Zufallsgröße.

2.2 Lösungen

2.2.1 Prüfungsteil A

Lösung:

Potenzregel

a) (1) Wir leiten die Funktion $f(x)$ mit Hilfe der Potenzregel ab:

$$\begin{aligned} f'(x) &= \left(x^4 - kx^2\right)' \\ &= 4x^3 - 2kx \\ &= 2x \cdot (2x^2 - k) \quad \checkmark \end{aligned}$$

Extremstellen

(2) Wir bestimmen die Tiefpunkte der Funktionenschar. Dafür setzen wir die 1. Ableitung aus (1) gleich Null:

$$f'(x) \stackrel{!}{=} 0 \Rightarrow \quad 2x \cdot (2x^2 - k) = 0$$

Aus dem Satz vom Nullprodukt folgt, dass der Term genau dann Null wird, wenn einer der Faktoren Null wird. Wir können ausschließen, dass $2x = 0 \Leftrightarrow x = 0$ zu den Tiefpunkten führt, da dort der Parameter k nicht vertreten ist und auch die Abbildung dies nicht vermuten lässt. Deshalb betrachten wir nur den anderen Faktor:

$$\begin{aligned} \Rightarrow \quad 2x^2 - k &= 0 \qquad | +k \\ \Leftrightarrow \quad 2x^2 &= k \qquad | \div 2 \\ \Leftrightarrow \quad x^2 &= \tfrac{k}{2} \qquad | \sqrt{\dots} \\ \Leftrightarrow \quad x &= \pm\sqrt{\tfrac{k}{2}} \end{aligned}$$

Da beide Tiefpunkte denselben Funktionswert haben (wegen ^{4} und ^{2}, denn dadurch ist das Vorzeichen der Extremstelle egal), reicht es aus, einen der beiden Werte in die Funktion einzusetzen:

$$f\left(x = \sqrt{\tfrac{k}{2}}\right) = \left(\sqrt{\tfrac{k}{2}}\right)^4 - k \cdot \left(\sqrt{\tfrac{k}{2}}\right)^2 = \tfrac{k^2}{4} - k \cdot \tfrac{k}{2} = \tfrac{k^2}{4} - \tfrac{k^2}{2} = -\tfrac{k^2}{4}$$

Dieser von k abhängige Funktionswert soll laut Aufgabenstellung -1 ergeben:

$$\begin{aligned} f\left(x = \sqrt{\tfrac{k}{2}}\right) \stackrel{!}{=} -1 \Rightarrow \quad -\tfrac{k^2}{4} &= -1 \qquad | \cdot (-1) \\ \Leftrightarrow \quad \tfrac{k^2}{4} &= 1 \qquad | \cdot 4 \\ \Leftrightarrow \quad k^2 &= 4 \qquad | \sqrt{\dots} \\ \Leftrightarrow \quad k &= \pm 2 \end{aligned}$$

Da k eine positive reelle Zahl ist, folgt $k = 2$.

b) (1) Die Aussage $F(5) - F(1) = 0$ beschreibt die Fläche, welche im Intervall $[1; 5]$ vom Graphen der Funktion f eingeschlossen wird. Der Flächeninhalt ist Null, da die vom Graphen von f und der x-Achse eingeschlossene Fläche im Intervall $[1; 3]$ genauso groß ist, wie die Fläche Intervall $[3; 5]$.

(2) Wir bilden die Stammfunktion und berechnen das Integral:

$$\begin{aligned}
\int_0^1 f(x)\,\mathrm{d}x &= \int_0^1 \left(-x^3 + 9x^2 - 23x + 15\right)\mathrm{d}x \\
&= \left[-\tfrac{1}{4}x^4 + \tfrac{9}{3}x^3 - \tfrac{23}{2}x^2 + 15x + C\right]_0^1 \\
&= -\tfrac{1}{4}\cdot 1^4 + 3\cdot 1^3 - \tfrac{23}{2}\cdot 1^2 + 15\cdot 1 + C - C \\
&= -\tfrac{1}{4} + \tfrac{12}{4} - \tfrac{46}{4} + \tfrac{60}{4} \\
&= \tfrac{25}{4}
\end{aligned}$$

Stamm-funktion

Warum $+C$?

c) (1) Zur Bestimmung von Extremstellen benötigen wir zunächst die 1. Ableitung, welche wir mit Hilfe der Produkt- und Kettenregel berechnen:

Produkt- und Kettenregel

$$\begin{aligned}
f'(x) &= \left((x^2 + 2x)\cdot e^{-x+4}\right)' \\
&= (2x + 2)\cdot e^{-x+4} + (x^2 + 2x)\cdot(-1)\cdot e^{-x+4} \\
&= (2x + 2 - x^2 - 2x)\cdot e^{-x+4} \\
&= -(x^2 - 2)\cdot \underbrace{e^{-x+4}}_{\neq 0}
\end{aligned}$$

Um die Nullstellen dieser Ableitungsfunktion zu bestimmen, nutzen wir den Satz vom Nullprodukt. Das bedeutet, dass das Produkt genau dann Null wird, wenn einer der Faktoren Null wird. Da die Exponentialfunktion niemals Null wird, betrachten wir nur den anderen Faktor:

$$\begin{aligned}
f'(x) \overset{!}{=} 0 \Rightarrow \quad x^2 - 2 &= 0 \quad &|+2 \\
\Leftrightarrow \quad x^2 &= 2 \quad &|\sqrt{\cdots} \\
\Leftrightarrow \quad x &= \pm\sqrt{2}
\end{aligned}$$

Die Extremstellen von f liegen bei $x_1 = -\sqrt{2}$ und $x_2 = \sqrt{2}$. Ein Nachweis mit der hinreichenden Bedingung ist hier nicht erforderlich.

Ableitungs-
graphen

(2) Skizze der 1. Ableitung von f:

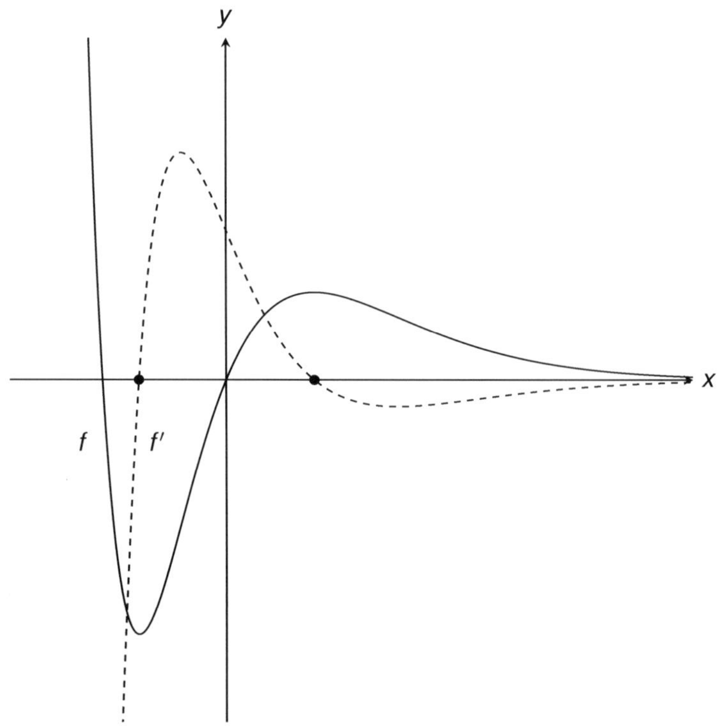

d) (1) Aufgrund des Satzes vom Nullprodukt, wird die Funktion $f_a(x)$ genau dann Null, wenn einer der Faktoren Null wird. e^x wird nie Null, also fällt der Faktor schon mal raus. Der Faktor $(x+2)$ beschreibt eine von a unabhängige Nullstelle. Diese ist also für alle $a \in \mathbb{R}$ gleich. Die entsprechende Nullstelle lautet:

$$\begin{aligned} x+2 &= 0 \quad |-2 \\ \Leftrightarrow \quad x &= -2 \end{aligned}$$

Da nur eine Nullstelle vorliegen soll, muss der übrige Faktor $(3x+a)^2$ für $x=-2$ ebenfalls Null werden:

$$\begin{aligned} (3\cdot(-2)+a)^2 &= 0 \\ \Leftrightarrow \quad (-6+a)^2 &= 0 \quad |\sqrt{\dots} \\ \Leftrightarrow \quad -6+a &= 0 \quad |+6 \\ \Leftrightarrow \quad a &= 6 \end{aligned}$$

Damit hat die Funktion $f_a(x)$ für $a = 6$ nur eine Nullstelle, nämlich bei $x = -2$.

(2) Wir setzen $P(3|90e^3)$ in die Funktion ein und lösen nach a auf:

$$
\begin{aligned}
f_a(3) = 90e^3 \Rightarrow \quad \tfrac{1}{2}(3+2)(3\cdot 3+a)^2e^3 &= 90e^3 \\
\Leftrightarrow \quad \tfrac{5}{2}\cdot(9+a)^2\cdot e^3 &= 90e^3 \qquad |\div e^3\ (\neq 0) \\
\Leftrightarrow \quad \tfrac{5}{2}\cdot(9+a)^2 &= 90 \qquad |\cdot \tfrac{2}{5} \\
\Leftrightarrow \quad (9+a)^2 &= 36 \qquad |\sqrt{\cdots} \\
\Leftrightarrow \quad 9+a &= \pm 6 \qquad |-9 \\
\Leftrightarrow \quad a &= -9 \pm 6
\end{aligned}
$$

Für $a_1 = -15$ und $a_2 = -3$ liegt der Punkt P auf dem Graphen von f_a.

e) (1) Die Gerade verläuft genau dann senkrecht zur Ebene, wenn der Richtungsvektor der Geraden senkrecht auf der Ebene steht. Ein bekannter Vektor, der senkrecht auf einer Ebene steht, ist ihr zugehöriger Normalenvektor. Also müssten der Normalenvektor der Ebene und der Richtungsvektor der Geraden in dieselbe Richtung zeigen, damit die Gerade senkrecht zur Ebene verläuft. Mathematisch bedeutet das, dass der eine Vektor ein Vielfaches vom anderen Vektor ist. Den Normalenvektor können wir aus der gegebenen Koordinatenform direkt ablesen, denn diese entsprechen den Vorfaktoren der Variablen. Also schauen wir, ob die beiden Vektoren Vielfache voneinander sind:

$$
\begin{pmatrix} 2 \\ 1+a \\ 2 \end{pmatrix} = r \cdot \underbrace{\begin{pmatrix} 1 \\ -1 \\ 1 \end{pmatrix}}_{\vec{n}_E}
$$

Die erste und die letzte Zeile sind gleich und liefern uns sofort einen Wert für r, denn $2 = r \cdot 1 = r$. Eingesetzt in die zweite Zeile, können wir einen Wert für a bestimmen:

$$
\begin{aligned}
1+a &= 2\cdot(-1) \\
\Leftrightarrow \quad 1+a &= -2 \qquad |-1 \\
\Leftrightarrow \quad a &= -3
\end{aligned}
$$

Für $a = -3$ steht die Gerade g_a senkrecht zur Ebene E.

(2) Damit die Gerade in der Ebene liegt, muss der Richtungsvektor der Geraden parallel zur Ebene (und somit senkrecht zum Normalenvektor) verlaufen und ein Punkt der Geraden (und damit dann automatisch alle) muss in der Ebene liegen. Zuerst berechnen wir das Skalarprodukt vom

Skalarprodukt

Normalen- und Richtungsvektor und bestimmen das a, für dass das Skalarprodukt Null ergibt:

$$\begin{aligned}\begin{pmatrix}1\\-1\\1\end{pmatrix}\bullet\begin{pmatrix}2\\1+a\\2\end{pmatrix} &= 0\\ \Leftrightarrow \quad 2-(1+a)+2 &= 0\\ \Leftrightarrow \quad 3-a &= 0 \quad |+a\\ \Leftrightarrow \quad 3 &= a\end{aligned}$$

Normalerweise sollte man, um ganz sicher zu gehen, das gefundene a und ein beliebiges s in die Geradengleichung einsetzen. Ein geschultes Auge erkennt aber vielleicht schon, dass der Ortsvektor bereits ohne Einfluss von a ein Punkt der Ebene ist, denn es gilt:

$$1-(-2)+0-3=0 \quad \checkmark$$

Damit liegt die Gerade g_a für $a = 3$ in der Ebene E.

f) (1) Die Summe aller Wahrscheinlichkeiten muss 1 ergeben. Daraus folgt:

$$\begin{aligned}p+3p+2p &= 1\\ \Leftrightarrow \quad 6p &= 1 \quad |\div 6\\ \Leftrightarrow \quad p &= \frac{1}{6} \quad \checkmark\end{aligned}$$

(2) Da der Einsatz 3 Euro beträgt, muss für einen Ausgleich auch der erwartete Gewinn 3 Euro betragen:

$$\begin{aligned}\mathbb{E}(A) \stackrel{!}{=} 3 \Rightarrow \quad 0\cdot\tfrac{1}{6}+b\cdot 3\cdot\tfrac{1}{6}+6\cdot 2\cdot\tfrac{1}{6} &= 3\\ \Leftrightarrow \quad b\cdot\tfrac{1}{2}+2 &= 3 \quad |-2\\ \Leftrightarrow \quad \tfrac{1}{2}\cdot b &= 1 \quad |\cdot 2\\ \Leftrightarrow \quad b &= 2\end{aligned}$$

Für $b = 2$ gleichen sich die Einsätze und Auszahlungen auf lange Sicht aus. Es handelt sich mit diesem Wert um ein faires Spiel.

(3) In den Behälter werden eine rote, drei grüne und zwei blaue Kugeln gelegt. Der Spieler zieht aus dem Behälter zufällig eine Kugel. Ist die entnommene Kugel rot, erfolgt keine Auszahlung. Ist die Kugel grün, werden 2 Euro ausgezahlt und ist sie blau, werden 6 Euro ausgezahlt.

2.2.2 Prüfungsteil B

Analysis

Lösung:

a) (1) Aus dem Satz vom Nullprodukt folgt sofort, dass diese Funktion genau dann Null wird, wenn einer der Faktoren Null wird.

Da die Exponentialfunktion für kein $x \in \mathbb{R}$ Null wird, kann die Funktion nur Null werden, wenn der andere Faktor gleich Null ist:

$$\begin{aligned} x-1 &= 0 \quad |+1 \\ \Leftrightarrow \quad x &= 1 \end{aligned}$$

Bei $x = 1$ liegt demnach die einzige Nullstelle von f.

(2) Wir leiten die Funktion $f(x)$ mit Hilfe der Produkt- und Kettenregel ab:

$$\begin{aligned} f'(x) &= (10 \cdot (x-1) \cdot e^{-x})' \\ &= 10 \cdot 1 \cdot e^{-x} + 10 \cdot (x-1) \cdot (-1) \cdot e^{-x} \\ &= 10 \cdot (1-x+1) \cdot e^{-x} \\ &= 10 \cdot (2-x) \cdot e^{-x} \quad \checkmark \end{aligned}$$

(3) Für die Untersuchung auf Extremstellen müssen wir zunächst in der notwendigen Bedingung die 1. Ableitung gleich Null setzen. Hier machen wir wieder vom Satz vom Nullprodukt Gebrauch, um die Berechnung von $f'(x) = 0$ auf $2 - x = 0$ zu reduzieren, da dieser Faktor der einzige Faktor ist, der Null werden kann.

$$\begin{aligned} 2-x &= 0 \quad |+x \\ \Leftrightarrow \quad x &= 2 \end{aligned}$$

Da die Exponentialfunktion stets positiv ist, wird das Vorzeichen der Ableitungsfunktion lediglich durch den Faktor $(2-x)$ beeinflusst. Wir betrachten also die Werte vor und nach der Stelle $x = 2$:

Monotonie

$$\begin{aligned} f'(1) &= \underbrace{10}_{>0} \cdot \underbrace{(2-1)}_{>0} \cdot \underbrace{e^{-2}}_{>0} \quad \Rightarrow \quad f(1) > 0 \\ f'(3) &= \underbrace{10}_{>0} \cdot \underbrace{(2-3)}_{<0} \cdot \underbrace{e^{-2}}_{>0} \quad \Rightarrow \quad f(3) < 0 \end{aligned}$$

Also fällt die Funktion $f(x)$ vor der Stelle $x = 2$ ab und steigt danach an. Somit liegt tatsächlich eine lokale Extremstelle vor. Alternativ können wir auch die hinreichende Bedingung mit der 2. Ableitung prüfen, doch das wäre mathematisch etwas aufwändiger.

b) (1) Damit wir nachweisen können, dass $t(x)$ die Tangente von $f(x)$ im Punkt W ist, muss der Punkt W auf der Geraden liegen. Dafür bestimmen wir zuerst die genauen Koordinaten von W.

$$f(3) = 10 \cdot (3 - 1) \cdot e^{-3} = 20e^{-3}$$

Wir setzen $x = 3$ in die Tangentengleichung ein

$$t(3) = -10 \cdot e^{-3} \cdot 3 + 50e^{-3} = 20e^{-3} = f(3)$$

und können bestätigen, dass der Punkt W sowohl auf der Funktion $f(x)$ als auch auf der Tangente $t(x)$ liegt. Zusätzlich muss noch die Steigung der Tangenten dieselbe sein, wie die Steigung von $f(x)$ im Punkt W.

Die Ableitungsfunktion von $f(x)$ haben wir bereits in Aufgabe a) (2) verifiziert. In diese müssen wir nun nur noch $x = 3$ einsetzen:

$$f'(3) = 10 \cdot (2 - 3) \cdot e^{-3} = -10e^{-3}$$

Da die Steigung einer Geraden durch den Vorfaktor der Variable (hier x) bestimmt wird, sehen wir sofort, dass $m = -10e^{-3}$ gilt und somit dieselbe Steigung vorliegt.

Damit ist $t(x)$ tatsächlich die Tangente von $f(x)$ im Punkt W.

Achsenabschnitte

(2) Für die Länge der Strecke benötigen wir die Schnittpunkte von $t(x)$ mit der x- und y-Achse. Den y-Achsenabschnitt können wir sofort ablesen, denn dieser ist bei ganzrationalen Funktionen immer der konstante Summand, also $50e^{-3}$.

Der x-Achsenabschnitt ist die Nullstelle der Tangente, also:

$$\begin{aligned} t(x) \overset{!}{=} 0 \Rightarrow \quad -10e^{-3} \cdot x + 50e^{-3} &= 0 && \mid -50e^{-3} \\ \Leftrightarrow \quad -10e^{-3} \cdot x &= -50e^{-3} && \mid \div(-10e^{-3}) \\ \Leftrightarrow \quad x &= 5 \end{aligned}$$

Nun benötigen wir nur noch den Abstand der beiden Achsenabschnitte voneinander. Da die Koordinatenachsen senkrecht zueinander stehen, ist das Dreieck, bestehend aus den Koordinatenachsen und der Strecke, ein rechtwinkliges Dreieck.

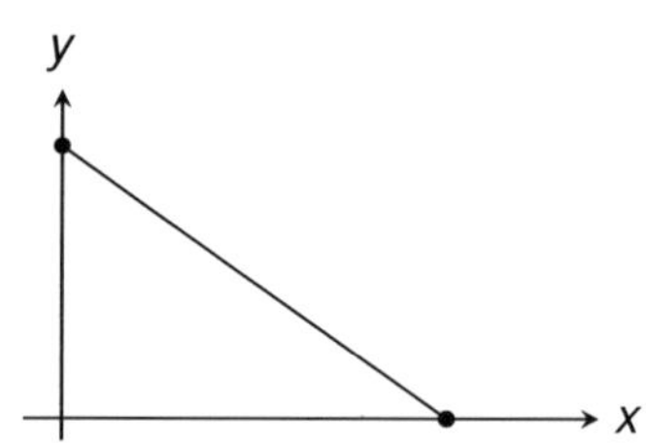

Wir nutzen somit den Satz des Pythagoras für die Länge der Strecke:

$$\sqrt{5^2 + (50e^{-3})^2} \approx 5{,}5854 \text{ [LE]}$$

(3) Betrachten wir die Abbildung 2, sehen wir, dass im Intervall [1; 3] (bis zum Berührpunkt der Tangente) die Fläche F zwischen f und der x-Achse liegt. Im Bereich [3; 5] (ab dem Berührpunkt der Tangente) liegt die Fläche zwischen Tangente t und x-Achse.

Deshalb teilen wir den Bereich auf und lösen die Integrale mittels Taschenrechner separat.

$$F = \int_1^3 f(x)\,\mathrm{d}x + \int_3^5 t(x)\,\mathrm{d}x \approx 2{,}1852 + 0{,}9957 = 3{,}1809 \text{ [FE]}$$

c) (1) Da die Gerade g parallel zur x-Achse verläuft, ist die Funktion konstant. Da sie außerdem durch den Hochpunkt mit $y = f(2)$ geht, lautet die Geradengleichung $g(x) = f(2)$. Die Differenzfunktion lautet damit ist $h(x) = f(2) - f(x)$ (es spielt keine Rolle, ob $f(x) - g(x)$ oder $g(x) - f(x)$, da mit dem Betrag gerechnet wird) und es gilt somit das Integral

Fläche zwischen Graphen

$$\left| \int_0^2 (f(2) - f(x))\,\mathrm{d}x \right|$$

zu lösen. Der TR liefert den ungefähren Wert von 5,4134 [FE].

(2) Der Schnittpunkt von f und der x-Achse ist natürlich die Nullstelle, die wir in Aufgabe a) (1) bereits berechnet haben. Mit der Nullstelle $x = 1$ und $u = 1$ bzw. $f(u = 1) = 0$ folgt also $Q_u(1|0)$. Der x-Wert von Q_u ist gerade die Breite des Rechtecks und die Gerade g liefert uns die Höhe. Daraus folgt für die Fläche der schraffierten Fläche:

$$A_{R,u=1} = 1 \cdot f(2) \approx 1{,}3534 \text{ [FE]}$$

(3) Das Rechteck können wir allgemein mit $x = u$ als Breite und $d(u)$ als Höhe berechnen. Wir schreiben: $A_R(u) = u \cdot d(u)$ mit $d(u) = f(2) - f(u)$. Eine grafische Analyse zeigt, dass der Graph von A_R für ein u mit $0 < u < 2$ den maximalen Wert 2,1942 annimmt. Der Quotient liefert uns dann den prozentualen Anteil :

$$\frac{2{,}1942}{1{,}3534} \approx 1{,}6213$$

Das bedeutet, der maximale Flächeninhalt beträgt ca. 162,13% vom Wert aus Aufgabe (2). Somit kann der Wert aus (2) um ungefähr 62,13% gesteigert werden.

d) Da die Tangente t_R parallel zur 1. Winkelhalbierenden verläuft, schneiden sich die Funktionen nie. Wenn wir aber die Normale verwenden, verläuft eine der beiden Geraden senkrecht zur anderen Geraden und wir können einen Schnittpunkt ermitteln. Die Funktion der Normalen zur Winkelhalbierenden beträgt $y_N = -x$. Wir setzen die Funktionen gleich und erhalten:

Normale

$$\overbrace{x - 0{,}3824}^{=t_r(x)} = \overbrace{-x}^{=y_N} \Leftrightarrow x = 0{,}1912$$

Die Tangente t_R schneidet die Normale der Winkelhalbierenden ($y = -x$) daher ungefähr im Punkt $S(0{,}1912 | -0{,}1912)$.

Da die „beiden" Winkelhalbierenden senkrecht aufeinander stehen, lässt sich der gesuchte Abstand durch $|\overline{SO}| = \sqrt{2 \cdot 0{,}1912^2} \approx 0{,}2704$ [LE] berechnen.

Wendestelle

e) (1) Die notwendige Bedingung für Wendepunkte erfordert, dass die zweite Ableitung der Funktion gleich Null ist. Diese Ableitung ist bereits gegeben und mit dem Satz vom Nullprodukt (e^{-x} kann nicht Null werden und fällt somit raus) folgt:

$$\begin{aligned} h_a''(x) = 0 \Rightarrow \quad x - a - 2 &= 0 \quad \mid +2+a \\ \Leftrightarrow \quad x &= a + 2 \end{aligned}$$

Da es genau einen Wendepunkt gibt (siehe Aufgabentext), liegt an der Stelle $a + 2$ ein Wendepunkt vor. Dessen y-Koordinate ist

$$h_a(a+2) = 20 \cdot e^{-a-2}.$$

(2) Da die Tangente t_a ein Dreieck mit den Koordinatenachsen einschließt, haben wir ein ähnliches Bild wie in b) (2). Die Fläche eines Dreiecks ermittelt sich allgemein über die Formel

$$A_D = \frac{1}{2} \cdot g \cdot h.$$

Wir benötigen also Grundseite und Höhe. Die Tangente t_a schneidet die y-Achse bei $10 \cdot e^{-a-2} \cdot (a+4)$ (= Höhe) und die x-Achse (= Breite) an der Stelle:

$$\begin{aligned} t_a(x) \stackrel{!}{=} 0 \Rightarrow \quad -10 \cdot e^{-a-2} \cdot x + 10 \cdot (a+4) \cdot e^{-a-2} &= 0 \quad \mid \div \left(10 \cdot e^{-a-2}\right) \\ \Leftrightarrow \quad -x + a + 4 &= 0 \quad \mid +x \\ \Leftrightarrow \quad a + 4 &= x \end{aligned}$$

Für den Flächeninhalt $A_D(a)$ des Dreiecks ergibt sich:

$$A_D(a) = \frac{1}{2} \cdot \underbrace{\left((a+4) \cdot 10 \cdot e^{-a-2}\right)}_{=g} \cdot \underbrace{(a+4)}_{=h} = 5 \cdot (a+4)^2 \cdot e^{-a-2}$$

(3) Wir setzen die soeben aufgestellte Gleichung für die Dreiecksfläche gleich der verlangten Größe von 10 FE. Der TR liefert für $A_D(a) = 10$ als eine mögliche Lösung $a \approx 0{,}1559$

Weitere mögliche Lösungen sind $a \approx -4{,}4214$ und $a \approx -3{,}2388$.

Geometrie

Lösung:

a) (1) (i) Zuerst stellen wir die Ebene H auf, die durch die drei gegebenen Punkte A, B und C definiert wird. In Parameterform lautet die Gleichung:

Ebenengleichung

$$\begin{aligned} H : \vec{x} &= \overrightarrow{OA} + k \cdot \overrightarrow{AB} + l \cdot \overrightarrow{AC} \\ &= \begin{pmatrix} 0 \\ -3 \\ -1 \end{pmatrix} + k \cdot \left(\begin{pmatrix} 4 \\ 2 \\ 1 \end{pmatrix} - \begin{pmatrix} 0 \\ -3 \\ -1 \end{pmatrix} \right) + l \cdot \left(\begin{pmatrix} 1 \\ -1 \\ -1 \end{pmatrix} - \begin{pmatrix} 0 \\ -3 \\ -1 \end{pmatrix} \right) \\ &= \begin{pmatrix} 0 \\ -3 \\ -1 \end{pmatrix} + k \cdot \begin{pmatrix} 4 \\ 5 \\ 2 \end{pmatrix} + l \cdot \begin{pmatrix} 1 \\ 2 \\ 0 \end{pmatrix}, \quad k, l \in \mathbb{R}. \end{aligned}$$

Um den Schnittpunkt (entspricht dem geheimen Code) zu bestimmen, setzen wir Ebene H und Gerade g in ihren Parameterformen gleich und lösen das resultierende LGS. Aus

Schnittpunkt von Gerade und Ebene

$$\underbrace{\begin{pmatrix} 0 \\ -3 \\ -1 \end{pmatrix} + k \cdot \begin{pmatrix} 4 \\ 5 \\ 2 \end{pmatrix} + l \cdot \begin{pmatrix} 1 \\ 2 \\ 0 \end{pmatrix}}_{=H} = \underbrace{\begin{pmatrix} 1 \\ 3 \\ 4 \end{pmatrix} + t \cdot \begin{pmatrix} 4 \\ -2 \\ -1 \end{pmatrix}}_{=g}$$

folgt vereinfacht:

$$\left| \begin{array}{ccccccc} 4k & + & l & - & 4t & = & 1 \\ 5k & + & 2l & + & 2t & = & 6 \\ 2k & & & + & t & = & 5 \end{array} \right|$$

Der Taschenrechner liefert die Lösungen $k = 2, l = -3$ und $t = 1$. Das Einsetzen von $t = 1$ in die Geradengleichung liefert den gesuchten Schnittpunkt:

$$\begin{pmatrix} 1 \\ 3 \\ 4 \end{pmatrix} + 1 \cdot \begin{pmatrix} 4 \\ -2 \\ -1 \end{pmatrix} = \begin{pmatrix} 5 \\ 1 \\ 3 \end{pmatrix}$$

Der Schnittpunkt beträgt $S(5|1|3)$ und der Code lautet daher 513.

Gerade in Parameterform

(ii) Die Punkte A und B bilden die Gerade h mit

$$h: \vec{x} = \overrightarrow{OA} + m \cdot \overrightarrow{AB} = \begin{pmatrix} 0 \\ -3 \\ -1 \end{pmatrix} + m \cdot \left(\begin{pmatrix} 4 \\ 2 \\ 1 \end{pmatrix} - \begin{pmatrix} 0 \\ -3 \\ -1 \end{pmatrix} \right)$$

$$= \begin{pmatrix} 0 \\ -3 \\ -1 \end{pmatrix} + m \cdot \begin{pmatrix} 4 \\ 5 \\ 2 \end{pmatrix}, \quad m \in \mathbb{R}.$$

Drei Punkte bilden immer eine Ebene, außer wenn alle drei Punkte auf einer Geraden liegen. Dies prüfen wir, indem wir eine Punktprobe mit Punkt D machen:

$$\begin{pmatrix} 12 \\ 12 \\ 5 \end{pmatrix} = \begin{pmatrix} 0 \\ -3 \\ -1 \end{pmatrix} + m \cdot \begin{pmatrix} 4 \\ 5 \\ 2 \end{pmatrix} \Leftrightarrow \begin{pmatrix} 12 \\ 15 \\ 6 \end{pmatrix} = m \cdot \begin{pmatrix} 4 \\ 5 \\ 2 \end{pmatrix}$$

Daraus resultieren die Gleichungen:

$$\left.\begin{aligned} 12 &= 4m \quad | \div 4 \\ 15 &= 5m \quad | \div 5 \\ 6 &= 2m \quad | \div 2 \end{aligned}\right\} \Leftrightarrow m = 3$$

Somit liegt der Punkt D auf der Geraden h und die Ebene H kann nicht aufgestellt werden. Dadurch kann der Schnittpunkt nicht berechnet und der Code nicht ermittelt werden.

(2) (i) Eine Ebene ist bereits durch einen Normalenvektor und einen Punkt von H eindeutig definiert. Daher wird nur ein Mitarbeitender benötigt, damit die Geschäftsführerin den Code ermitteln kann.

Kreuzprodukt

(ii) Die beiden Spannvektoren der Ebene haben wir bereits in a) (1) (i) bestimmt. Nun kann mit Hilfe des Kreuzproduktes ein Normalenvektor der Ebene bestimmt werden:

$$\begin{pmatrix} 4 \\ 5 \\ 2 \end{pmatrix} \times \begin{pmatrix} 1 \\ 2 \\ 0 \end{pmatrix} = \begin{pmatrix} 5 \cdot 0 - 2 \cdot 2 \\ 2 \cdot 1 - 0 \cdot 4 \\ 4 \cdot 2 - 5 \cdot 1 \end{pmatrix} = \begin{pmatrix} -4 \\ 2 \\ 3 \end{pmatrix} = \vec{n}_H$$

b) Zuerst benötigen wir den Flächeninhalt der Grundfläche. Wir haben 3 von 4 Eckpunkten durch die Mitarbeitenden gegeben. Das bedeutet, wenn wir die Verbindungsvektoren zwischen den gegebenen Eckpunkten berechnen, dann erhalten wir zweimal die Länge der Außenseite und einmal die Länge der Diagonalen (diese muss länger sein als die Außenseite):

Länge eines Vektors

$$\left|\begin{pmatrix}1-1\\6-1\\3-3\end{pmatrix}\right| = \left|\begin{pmatrix}0\\5\\0\end{pmatrix}\right| = \sqrt{0^2+5^2+0^2} = 5$$

$$\left|\begin{pmatrix}5-1\\1-1\\6-3\end{pmatrix}\right| = \left|\begin{pmatrix}4\\0\\3\end{pmatrix}\right| = \sqrt{4^2+0^2+3^2} = 5$$

$$\left|\begin{pmatrix}5-1\\1-6\\6-3\end{pmatrix}\right| = \left|\begin{pmatrix}4\\-5\\3\end{pmatrix}\right| = \sqrt{4^2+(-5)^2+3^2} = 5\cdot\sqrt{2}$$

Da die Grundseite quadratisch ist, können wir für den Flächeninhalt die Länge einer Außenseite einfach zum Quadrat nehmen: $A_G = 5^2 = 25$ [FE].

Die Höhe der Pyramide ergibt sich als Abstand von der Grundfläche (Ebene) $Q: -3x_1 + 4x_3 = 9$ zur Spitze $S(1{,}5|3{,}5|6{,}5)$. Die Abstandsformel liefert uns:

$$d(S;Q) = \frac{\left|\left(\overrightarrow{n_Q}\bullet\overrightarrow{0S}\right)-9\right|}{\left|\overrightarrow{n_Q}\right|} = \frac{\left|\left(\begin{pmatrix}-3\\0\\4\end{pmatrix}\bullet\begin{pmatrix}1{,}5\\3{,}5\\6{,}5\end{pmatrix}\right)-9\right|}{\sqrt{(-3)^2+0^2+4^2}} = 2{,}5 \text{ [LE]}.$$

Daraus folgt mit dem Volumen der Pyramide

$$V_{\text{Pyramide}} = \frac{1}{3}\cdot A_G\cdot h = \frac{1}{3}\cdot 25\cdot 2{,}5 = 20{,}8\overline{3} \text{ [VE]}.$$

der geheime Code mit 208.

c) (1) Da $\overline{IJ}$ die Basis sein soll, müssen $\overline{IK}$ und $\overline{JK}$ gleich groß sein, da es sich um ein gleichschenkliges Dreieck handeln soll. Um dies zu prüfen, bestimmen wir zuerst die Vektoren, die die Strecken beschreiben und bestimmen dann die Länge dieser Vektoren.

$$|\overrightarrow{IK}| = \left|\begin{pmatrix}6\\5\\1\end{pmatrix} - \begin{pmatrix}4\\3\\2\end{pmatrix}\right| = \left|\begin{pmatrix}2\\2\\-1\end{pmatrix}\right| = \sqrt{2^2+2^2+(-1)^2} = 3$$

$$|\overrightarrow{JK}| = \left|\begin{pmatrix}6\\5\\1\end{pmatrix} - \begin{pmatrix}8\\6\\-1\end{pmatrix}\right| = \left|\begin{pmatrix}-2\\-1\\2\end{pmatrix}\right| = \sqrt{(-2)^2+1^2+2^2} = 3$$

Also sind die Seiten $\overline{IK}$ und $\overline{JK}$ gleich groß und somit bilden die Punkte IJK ein gleichschenkliges Dreieck mit Basis $\overline{IJ}$.

Mittelpunkt

(2) Da das Dreieck gleichschenklig ist, ist die Höhe zur Basis die Strecke, die den Mittelpunkt der Basis mit dem dritten Punkt (hier K) verbindet.
Wir berechnen zuerst die Mitte der Basis $\overline{IJ}$:

$$\vec{m} = \frac{1}{2}\left(\overrightarrow{0I} + \overrightarrow{0J}\right) = \frac{1}{2}\left(\begin{pmatrix}4\\3\\2\end{pmatrix} + \begin{pmatrix}8\\6\\-1\end{pmatrix}\right) = \frac{1}{2}\begin{pmatrix}12\\9\\1\end{pmatrix} = \begin{pmatrix}6\\4{,}5\\0{,}5\end{pmatrix}$$

Der Mittelpunkt der Basis $\overline{IJ}$ ist also $M(6|4{,}5|0{,}5)$. Nun können wir die Höhe des Dreiecks und die zugehörige Länge der Strecke bestimmen:

$$|\overrightarrow{MK}| = \left|\begin{pmatrix}6\\5\\1\end{pmatrix} - \begin{pmatrix}6\\4{,}5\\0{,}5\end{pmatrix}\right| = \left|\begin{pmatrix}0\\0{,}5\\0{,}5\end{pmatrix}\right| = \sqrt{0^2+0{,}5^2+0{,}5^2} = 0{,}70710\ldots$$

Der geheime Code lautet also 707.

(3) (i) Geeignet sind alle Punkte in einer Ebene, die den Mittelpunkt $M(6|4{,}5|0{,}5)$ beinhalten und senkrecht zur Strecke $\overline{IJ}$ verlaufen. Zusätzlich müssen diese auf einem Kreis liegen, der in der Ebene liegt und M als Mittelpunkt sowie den Radius 0,707 hat.

(ii) Ein Vektor, der nicht linear abhängig von $\overrightarrow{MK}$ ist und der senkrecht zu

$$\overrightarrow{IJ} = \begin{pmatrix}4\\3\\-3\end{pmatrix} \text{ verläuft, ist z.B. } \vec{v} = \begin{pmatrix}3\\0\\4\end{pmatrix}.$$

Den Ortsvektor eines geeigneten Punktes *P* erhalten wir dann durch:

$$\overrightarrow{OP} = \overrightarrow{OM} + 0{,}707 \cdot \frac{1}{|\vec{v}|} \cdot \vec{v} = \begin{pmatrix} 6 \\ 4{,}5 \\ 0{,}5 \end{pmatrix} + 0{,}707 \cdot \frac{1}{5} \cdot \begin{pmatrix} 3 \\ 0 \\ 4 \end{pmatrix} = \begin{pmatrix} 6{,}4242 \\ 46{,}5 \\ 1{,}0656 \end{pmatrix}$$

Damit ist ein möglicher Punkt $P(6{,}4242|46{,}5|1{,}0656)$.

Stochastik

Lösung:

Binomial-verteilung

a) (1) Die Zufallsgröße ist binomialverteilt mit $n = 250$ und $p = 0{,}7$.

$$X \sim B(k|0{,}7;250)$$

E1: „Es werden höchstens 160 praktische Prüfungen bestanden."

$$P_{250;0,7}(X \leq 160) = \sum_{i=0}^{160} \binom{250}{i} \cdot 0{,}7^i \cdot 0{,}3^{250-i} \approx 0{,}0240$$

E2: „Es werden mehr 80% der praktischen Prüfungen bestanden."
Wir bestimmen zuerst 80% der Stichprobe: $250 \cdot 0{,}8 = 200$.
Die Wahrscheinlichkeit beträgt:

$$P_{250;0,7}(X > 200) \approx 0{,}0001$$

E3: „Die Anzahl der bestandenen praktischen Prüfungen ist um fünf größer als der Erwartungswert."
Zuerst bestimmen wir den Erwartungswert

$$\mu = n \cdot p = 250 \cdot 0{,}7 = 175$$

und damit ergibt sich die Wahrscheinlichkeit:

$$P_{250;0,7}(X = 175 + 5) = P_{250;0,7}(X = 180) \approx 0{,}0441$$

(2) (i) Wahrscheinlichkeit, dass mind. 165 praktische Prüfungen bestanden werden:

$$P_{250;0,7}(X \geq 165) \approx 0{,}9251$$

(ii) Um die richtige Anzahl zu finden, müssen wir verschiedene Werte ausprobieren. Es bietet sich dabei an, nicht bei 1 oder 250 anzufangen, da die Randwahrscheinlichkeiten sowieso verschwindend gering sind und man so umso mehr probieren müsste.
Prinzipiell gilt: Haben wir eine zu kleine Wahrscheinlichkeit, müssen wir das Intervall verkleinern und ist die Wahrscheinlichkeit zu groß, müssen wir das Intervall vergrößern.
Fangen wir mit dem Erwartungswert an, erhalten wir:

$$P_{200;0,7}(X \geq 175) = 0{,}5311$$

Wir verringern die Anzahl um einen

$$P_{200;0,7}(X \geq 174) = 0{,}5854$$

und ein weiteres Mal um einen

$$P_{200;0,7}(X \geq 173) = 0{,}6380.$$

Also ist für $k = 174$ die Wahrscheinlichkeit $P_{200;0,7}(X \geq k)$ das erste Mal kleiner als 60%.

b) (1) Die Zentrale möchte die Wahrscheinlichkeit für den Fehler klein halten, dass sie aufgrund der Daten einen höheren Ausbildungsstandard annimmt ($p > 0{,}7$), als es tatsächlich der Fall ist ($p \leq 0{,}7$).

(2) Es ist $P_{200;0,7}(X \geq 151) \approx 0{,}0506$ und $P_{200;0,7}(X \geq 152) \approx 0{,}0360$. Damit ergibt sich als Annahmebereich [0;151] und als Ablehnungsbereich [152;200]. Die Entscheidungsregel lautet daher:

„Lehne die Nullhypothese ab, wenn 152 oder mehr der 200 prognostizierten praktischen Prüfungen bestanden werden."

Hypothesen-test

(3) Wahrscheinlichkeit, dass jede Prüfung zu 75% bestanden wird:

$$P_{200;0,75}(X \leq 151) \approx 0{,}5917$$

c) Gemäß der Aufgabenstellung können wir folgende Werte ablesen:

$$\mu = p \cdot n = 255 \text{ und } \sigma = \sqrt{n \cdot p \cdot (1-p)} = 6{,}18$$

Aus dem Erwartungswert folgt allgemein $n = \frac{255}{p}$.

Dies können wir in die Formel der Standardabweichung einsetzen:

$$\begin{aligned}
& \sqrt{\tfrac{255}{p} \cdot p \cdot (1-p)} &&= 6{,}18 && \\
\Leftrightarrow\quad & \sqrt{255 \cdot (1-p)} &&= 6{,}18 && |(\ldots)^2 \\
\Leftrightarrow\quad & 255 \cdot (1-p) &&= 6{,}18^2 && |\div 255 \\
\Leftrightarrow\quad & 1-p &&= \tfrac{6{,}18^2}{255} && |-1 \\
\Leftrightarrow\quad & -p &&= \tfrac{6{,}18^2}{255} - 1 && |\cdot(-1) \\
\Leftrightarrow\quad & p &&= 1 - \tfrac{6{,}18^2}{255} &&
\end{aligned}$$

Damit beträgt die Wahrscheinlichkeit $p \approx 0{,}85$ und der Stichprobenumfang $n = \frac{255}{0{,}85} = 300$.

3 Abi Klausur 2022 – Leistungskurs

3.1 Aufgaben

3.1.1 Prüfungsteil A

Bei der Bearbeitung der Aufgaben dürfen **keine Hilfsmittel** verwendet werden.

- Arbeitszeit: max. 70 Minuten
- Hinweis: Die Aufgaben sind nicht direkt einem Thema zugewiesen, wie es die folgende Tabelle vermuten lässt.
- Übersicht zur **Punkteverteilung** und **Tracking** deines Fortschritts:

<table>
<tr><th>Thema</th><th>Aufgabe</th><th>Teilaufgabe</th><th>Punkte</th><th>Erledigt?</th></tr>
<tr><td rowspan="8">Analysis</td><td rowspan="2">a)</td><td>(1)</td><td>1</td><td></td></tr>
<tr><td>(2)</td><td>4</td><td></td></tr>
<tr><td rowspan="2">b)</td><td>(1)</td><td>2</td><td></td></tr>
<tr><td>(2)</td><td>3</td><td></td></tr>
<tr><td rowspan="2">c)</td><td>(1)</td><td>3</td><td></td></tr>
<tr><td>(2)</td><td>2</td><td></td></tr>
<tr><td rowspan="2">d)</td><td>(1)</td><td>2</td><td></td></tr>
<tr><td>(2)</td><td>3</td><td></td></tr>
<tr><td>Vektorielle Geometrie</td><td>e)</td><td></td><td>5</td><td></td></tr>
<tr><td rowspan="3">Stochastik</td><td rowspan="3">f)</td><td>(1)</td><td>2</td><td></td></tr>
<tr><td>(2)</td><td>1</td><td></td></tr>
<tr><td>(3)</td><td>2</td><td></td></tr>
</table>

Aufgabenstellung:

a) Gegeben sind die in $\mathbb{R}$ definierten ganzrationalen Funktionen f_k mit

$$f_k(x) = x^4 + (2-k) \cdot x^3 - k \cdot x^2, \quad k \in \mathbb{R}.$$

(1) Begründen Sie, dass der Graph von f_2 symmetrisch bezüglich der y-Achse ist.

(2) Es gibt einen Wert von k, für den $x = 1$ eine Wendestelle von f_k ist.
Berechnen Sie diesen Wert von k.

b) Eine Funktionenschar f_k ist gegeben durch die Gleichung

$$f_k(x) = \frac{1}{k} \cdot x \cdot e^{-k^2 \cdot x} \quad \text{mit } x \in \mathbb{R},\ k \in \mathbb{R},\ k \neq 0.$$

(1) Zeigen Sie rechnerisch: $f_k'(x) = \left(-k \cdot x + \frac{1}{k}\right) \cdot e^{-k^2 \cdot x}$.

Im Folgenden können Sie verwenden: $f_k''\left(\frac{1}{k^2}\right) = -k \cdot e^{-1}$.

(2) Zeigen Sie, dass $\frac{1}{k^2}$ eine Extremstelle aller Funktionen der Schar ist, und untersuchen Sie, für welche Werte von k die Funktionen der Schar an der Stelle $\frac{1}{k^2}$ ein Minimum besitzen.

c) Gegeben sind die Funktionen f und h mit den Gleichungen:

$$f(x) = (x-3) \cdot e^x, \quad x \in \mathbb{R}$$
$$h(x) = x - 3, \quad x \in \mathbb{R}$$

(1) Bestimmen Sie rechnerisch die beiden Schnittstellen der Graphen der Funktionen f und h.

[Zur Kontrolle: Die Schnittstellen sind $x = 0$ und $x = 3$.]

(2) Zwischen den Schnittstellen verläuft der Graph von h oberhalb des Graphen von f. Die Funktion

$$D(x) = (4-x) \cdot e^x + 0{,}5 \cdot x^2 - 3 \cdot x$$

ist eine Stammfunktion der Funktion d mit $d(x) = h(x) - f(x)$.

Ermitteln Sie den Flächeninhalt der Fläche, die von den Graphen der Funktionen h und f eingeschlossen wird.

d) Betrachtet werden die in $\mathbb{R}$ definierten Funktionen f und F, wobei F eine Stammfunktion von f ist. Die Abbildung zeigt den Graphen G_F von F.

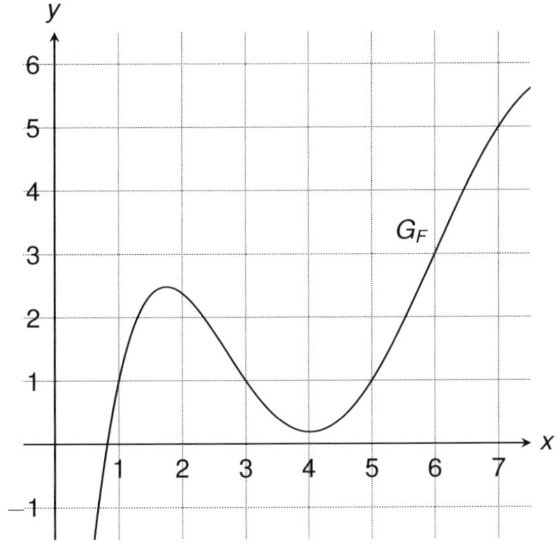

(1) Bestimmen Sie den Wert des Integrals $\int_1^7 f(x)\,dx$.

(2) Bestimmen Sie grafisch näherungsweise den Funktionswert von f an der Stelle 1.

e) Gegeben sind die Punkte $A(-5|5|-3)$ und $B(-1|1|-1)$.

Geben Sie die Koordinaten des Mittelpunktes der Strecke $\overline{AB}$ an und bestimmen Sie eine Gleichung derjenigen Mittelsenkrechten von $\overline{AB}$, die parallel zur x_1x_3-Ebene verläuft.

f) Pia hat eine Dartscheibe geschenkt bekommen. Sie trifft im Mittel zu etwa 80% die Dartscheibe. Die Zufallsgröße

X: „Anzahl der Treffer beim Pfeilwurf auf die Dartscheibe"

wird im Folgenden als binomialverteilt mit $p = 0{,}8$ angenommen.

Pia wirft genau 100-mal auf die Dartscheibe.

(1) Berechnen Sie den Erwartungswert und die Standardabweichung von X.

(2) Geben Sie einen Term zur Berechnung der Wahrscheinlichkeit an, dass Pia genau 80-mal die Dartscheibe trifft, davon zehnmal in den ersten Würfen.

(3) Geben Sie einen Term zur Berechnung der Wahrscheinlichkeit an, dass sie mindestens einmal die Dartscheibe trifft und begründen Sie anhand des Terms, dass diese Wahrscheinlichkeit nahezu 100% beträgt.

3.1.2 Prüfungsteil B

Bei der Bearbeitung der Aufgaben dürfen **Hilfsmittel** (GTR, Mathematische Formelsammlung, Wörterbuch zur deutschen Rechtschreibung) verwendet werden.

- Arbeitszeit: mind. 200 Minuten
- Übersicht zur **Punkteverteilung** und **Tracking** deines Fortschritts:

Thema	Aufgabe	Teilaufgabe	Punkte	Erledigt?
Analysis	a)	(1)	3	
		(2)	2	
		(3)	2	
		(4)	6	
	b)	(1)	4	
		(2)	4	
	c)	(1)	2	
		(2)	7	
		(3)	4	
		(4)	4	
		(5)	2	
Vektorielle Geometrie	a)	(1)	1	
		(2)	3	
		(3)	3	
		(4)	1	
	b)	(1)	3	
		(2)	3	
		(3)	4	
	c)	(1)	1	
		(2)	4	
		(3)	2	
Stochastik	a)	(1)	2	
		(2)	3	
	b)	(1)	2	
		(2)	3	
	c)	(1)	2	
		(2)	2	
	d)	(1)	3	
		(2)	2	
	e)	(1)	2	
		(2)	4	

Analysis

Aufgabenstellung:

Gegeben ist die Funktion f mit der Gleichung

$$f(x) = 9 \cdot (x - 3) \cdot e^{-1,5 \cdot (x-3)}, x \in \mathbb{R}.$$

Der Graph der Funktion f ist in Abbildung 1 dargestellt.

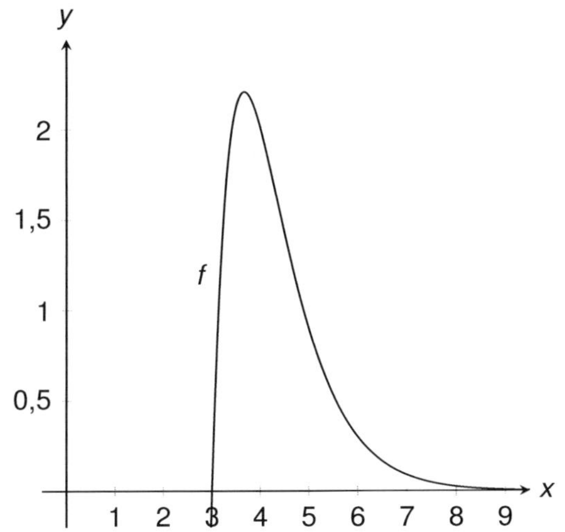

Abb. 1

a) (1) Der Graph der Funktion f hat genau einen Schnittpunkt N mit der x-Achse und genau einen Hochpunkt H.
Geben Sie die Koordinaten von N an.
Ermitteln Sie die Koordinaten des Punktes H.

(2) Der Graph der Funktion f, die x-Achse und die Gerade mit der Gleichung $x = 7$ schließen eine Fläche ein.
Bestimmen Sie den Inhalt dieser Fläche.

(3) Geben Sie den Wert von $\int_0^w f(x)\,dx$ für $w \to \infty$ und die geometrische Bedeutung dieses Wertes an.

(4) Für jedes $3 < u \leq 9$ sind $N(3|0), P(9|0)$ und $Q_u(u|f(u))$ die Eckpunkte eines Dreiecks.

(i) Begründen Sie, dass sich der Flächeninhalt des Dreiecks NPQ_u in Abhängigkeit von u mit der Gleichung $A_{NPQ_u}(u) = 3 \cdot f(u)$ berechnen lässt.

(ii) Begründen Sie ohne weitere Rechnung, für welchen Wert von u der Flächeninhalt des Dreiecks NPQ_u maximal wird.

(iii) Bestimmen Sie alle Werte von u, für die das Dreieck NPQ_u einen Flächeninhalt von 4 Flächeneinheiten hat.

b) Für ein z mit $\frac{11}{3} < z < \frac{13}{3}$ ist der Punkt $R(z|f(z))$ gegeben. Der Graph der Funktion t ist die Tangente an den Graphen von f im Punkt R. Für $x < z$ wird der Graph von f betrachtet. Für $x \geq z$ wird der Graph von t betrachtet. Abbildung 2 veranschaulicht diese Situation für das Beispiel $z = 3{,}9$.

Die betrachteten Graphen der Funktionen f und t schließen mit der x-Achse die in Abbildung 2 grau dargestellte Fläche ein. Der Wert von z kann mit Hilfe der folgenden Bedingungen so bestimmt werden, dass diese Fläche einen Flächeninhalt von 4 Flächeneinheiten hat:

I: $t(z) = f(z)$

II: $t'(z) = f'(z)$

III: $\int_3^z f(x)\mathrm{d}x + \int_z^c t(x)\mathrm{d}x = 4$, wobei c die Nullstelle von t ist.

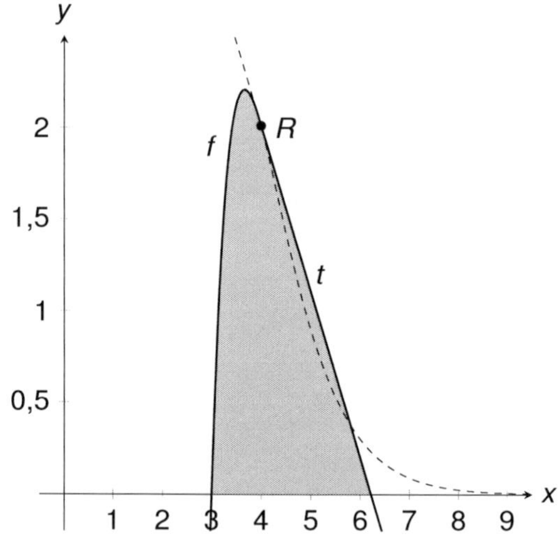

Abb. 2

(1) (i) Begründen Sie die Wahl der Bedingungen I und II.

(ii) Erläutern Sie die linke Seite der Gleichung in der Bedingung III.

(2) Aus den Bedingungen folgt $z \approx 3{,}9428$.

(i) Es gilt: $f'(x) = -\frac{1}{2} \cdot (27x - 99) \cdot e^{-1{,}5(x-3)}$.
Bestimmen Sie für $z = 3{,}9428$ rechnerisch eine Gleichung der Funktion t, deren Graph die Tangente an den Graphen von f im Punkt $R(z|f(z))$ ist.

(ii) Ermitteln Sie die Nullstellen dieser Funktion t.

Für $k \in \mathbb{R}$ und $k > 0$ ist die Funktionenschar g_k gegeben durch die Gleichung

$$g_k(x) = 4k^2 \cdot (x - 3) \cdot e^{-k(x-3)}, \qquad x \in \mathbb{R}.$$

Es gilt $g_{1,5} = f$.

c) (1) Begründen Sie, dass alle Graphen von Funktionen der Schar g_k nur einen Schnittpunkt mit der x-Achse haben.

(2) Ohne Nachweis darf verwendet werden: $g_k''\left(3 + \frac{1}{k}\right) = -4 \cdot k^3 \cdot e^{-1}$.

Bestimmen Sie rechnerisch die Extremstelle und die Art des Extremums des Graphen von g_k in Abhängigkeit von k.

[Zur Kontrolle: Die Extremstelle ist $x = 3 + \frac{1}{k}$]

(3) Die Funktion G_k mit $G_k(x) = -4 \cdot k \cdot \left(x - 3 + \frac{1}{k}\right) \cdot e^{-k \cdot (x-3)}$ ist eine Stammfunktion der Funktion g_k.

Für $x \geq 3$ liegt zwischen der x-Achse und dem Graphen der Funktion g_k die nach rechts offene Fläche A.

Prüfen Sie rechnerisch, ob der Inhalt der Fläche A vom Parameter k abhängt.

Der Graph der Funktion g_k hat den Hochpunkt $H_k\left(3 + \frac{1}{k} \middle| 4 \cdot k \cdot e^{-1}\right)$.

(4) Die Graphen der Funktionen $g_{1,5}$ und $g_{2,6}$ schneiden sich nur im Punkt $N(3|0)$ und in einem weiteren Punkt S.

(i) Geben Sie die Koordinaten des Hochpunktes des Graphen von $g_{2,6}$ an und bestimmen Sie die Koordinaten des Schnittpunktes S der Graphen von $g_{1,5}$ und $g_{2,6}$.

(ii) Skizzieren Sie mit Hilfe dieser Punkte den Graphen der Funktion $g_{2,6}$ in Abbildung 3.

(5) Für ein $a > 0$ ist der Graph der Funktion g_a in Abbildung 3 dargestellt.

Begründen Sie anhand des Hochpunktes H_a ohne weitere Berechnung, ob der Wert von a größer oder kleiner ist als 1,5.

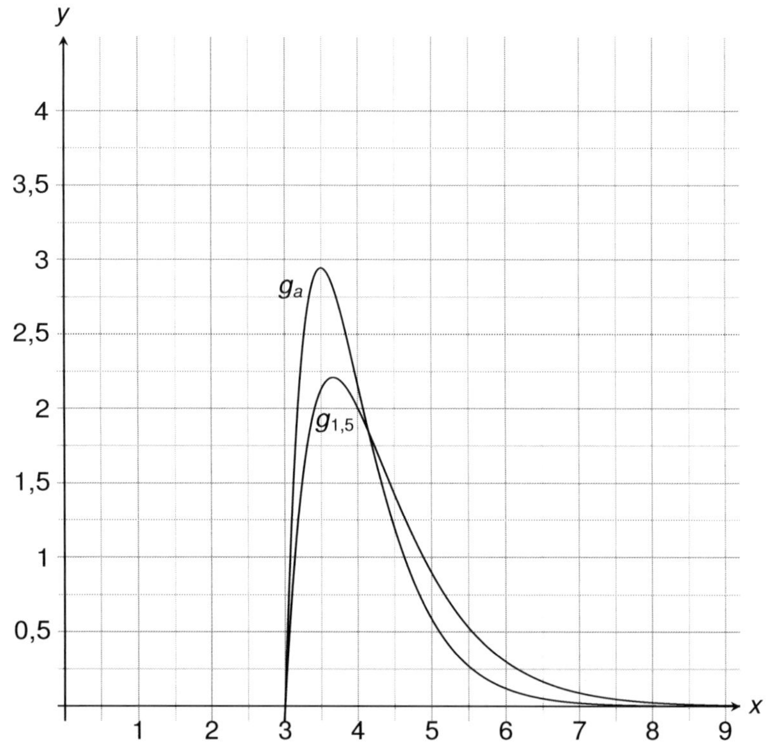

Abb. 3

Geometrie

Aufgabenstellung:

In einem kartesischen Koordinatensystem sind die Punkte

$$A(0|0|0), B, C(0|100|0), D(0|0|246), E(48|64|246) \text{ und } F(0|100|246)$$

sowie der Punkt $G(0|0|146)$ gegeben.

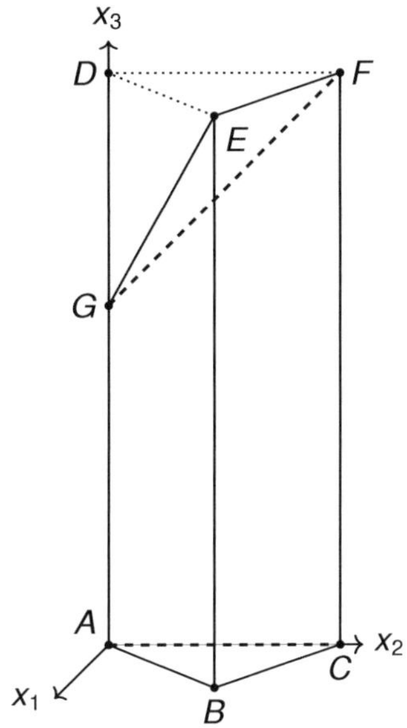

Abb. 1

a) Der in der Abbildung dargestellte Körper $ABCDEF$ ist ein dreieckiges Prisma.

(1) Geben Sie die Koordinaten des Punktes B an.

Für $a \geq 0$ ist der Punkt $G_a(0|0|a)$ gegeben.

(2) Zeigen Sie, dass das Dreieck G_aEF für jedes $a \geq 0$ im Punkt E rechtwinklig ist.

(3) Bestimmen Sie $0 \leq a \leq 246$ so, dass das Dreieck G_aEF den Flächeninhalt $780 \cdot \sqrt{41}$ FE hat.

(4) Für $a = 246$ gilt $G_a = D$.
Das Dreieck DEF hat den Flächeninhalt 2 400 FE.
Bestimmen Sie das Volumen des Prismas $ABCDEF$.

[Zur Kontrolle: $V_{\text{Prisma}} = 590\,400$VE.]

Ein Architektenbüro plant den Neubau eines Wolkenkratzers, der durch den Körper mit den Eckpunkten *ABCGEF* modelliert wird, wobei im gewählten Koordinatensystem eine Längeneinheit einem Meter in der Realität entspricht.

b) (1) Die Länge der Kante $\overline{AG}$ musste wegen der geltenden Bauvorschriften im Vergleich zur Länge der Kante $\overline{AD}$ um 100m auf 146m reduziert werden.

Berechnen Sie, um wie viel Prozent sich das Volumen des Gebäudes *ABCGEF* im Vergleich zum Volumen des Prismas *ABCDEF* durch diese Reduzierung verkleinert hat.

(2) Stellen Sie die Menge aller Punkte der dreieckigen Dachfläche *GEF* in Parameterform dar.

(3) Ein Lufttaxi soll den Wolkenkratzer mit einem anderen Wolkenkratzer verbinden. Im letzten Teil des Fluges soll es auf einer Strecke fliegen, die vereinfachend als Teil der Gerade

$$g : \vec{x} = \begin{pmatrix} 4 \\ 10 \\ 200 \end{pmatrix} + k \cdot \begin{pmatrix} 3 \\ 7 \\ -1 \end{pmatrix}, k \in \mathbb{R}$$

modelliert werden kann.

Zeigen Sie rechnerisch, dass die Gerade g einen Punkt der dreieckigen Dachfläche *GEF* enthält.

c) Durch $E_b : 3x_1 + 4x_2 - 4x_3 = b,\ b \in \mathbb{R}$ ist eine Schar von parallelen Ebenen gegeben.

Die Dachfläche *GEF* liegt in der Ebene E_{Dach}. Es gibt einen Wert von b, sodass $E_b = E_{\text{Dach}}$ gilt.

(1) Bestimmen Sie b so, dass $E_b = E_{\text{Dach}}$ gilt.

[Zur Kontrolle: $b = -584$.]

(2) Berechnen Sie den Winkel zwischen E_{Dach} und der Ebene E_{Wand}, in der die Wandfläche *BCFE* liegt.

(3) Oberhalb der Dachfläche soll in einer Ebene, die parallel zur Dachfläche *GEF* verläuft, eine Fläche mit Solarkollektoren entstehen (siehe Abb. 2).

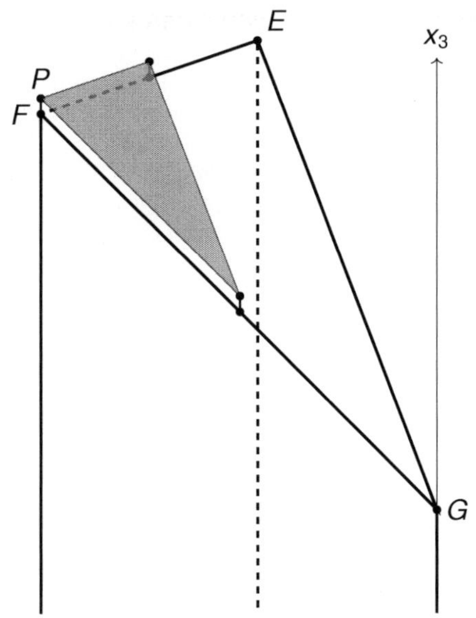

Abb. 2

Diese Ebene hat einen Abstand von 2,5m zur Dachfläche GEF.
Bestimmen Sie rechnerisch die x_3-Koordinate z des Befestigungspunktes $P(0|100|z)$.

Stochastik

Aufgabenstellung:

Die Firma „Schraubenwind“ stellt Schrauben und Muttern für den Bau von Windkraftanlagen her. Wegen der extremen Belastung werden besondere Anforderungen an diese Verbindungselemente gestellt. Eine hochwertige Schraube zeichnet sich durch die Qualität des Schraubenkörpers und die Qualität der anschließenden Beschichtung aus.

a) Bei der Produktion entstehen immer wieder Schrauben, die nicht den Qualitätsansprüchen von „Schraubenwind“ genügen. 97% der Schrauben weisen einen fehlerfreien Schraubenkörper auf. Von den Schrauben mit fehlerfreiem Schraubenkörper haben 1,5% eine fehlerhafte Beschichtung. Von den Schrauben mit fehlerhaftem Schraubenkörper haben 5% eine fehlerhafte Beschichtung.

(1) Stellen Sie den beschriebenen Sachzusammenhang im folgenden Baumdiagramm dar.

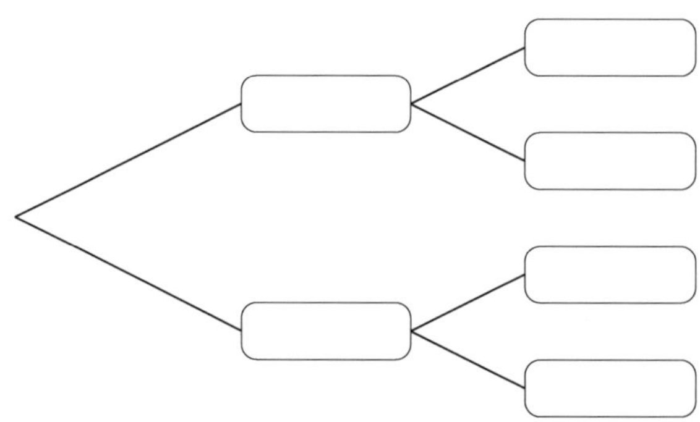

(2) Die Beschichtung einer zufällig ausgewählten Schraube ist fehlerhaft.

Bestimmen Sie die Wahrscheinlichkeit, dass diese Schraube einen fehlerhaften Schraubkörper aufweist.

Im Folgenden gilt eine Schraube als fehlerfrei, wenn sowohl der Schraubenkörper als auch die Beschichtung fehlerfrei sind. Qualitätskontrollen bei der Firma „Schraubenwind“ zeigen, dass im Durchschnitt 4,5% der Schrauben fehlerhaft die Produktion verlassen. Im Folgenden wird modellhaft davon ausgegangen, dass die Anzahl an fehlerhaften Schrauben in der Produktion binomialverteilt mit $p = 0{,}045$ ist.

b) (1) In einer Untersuchung werden 500 Schrauben zufällig der Produktion entnommen.

Bestimmen Sie die Wahrscheinlichkeit, dass unter diesen Schrauben genau 15 Schrauben fehlerhaft sind.

(2) Ermitteln Sie, wie viele Schrauben mindestens entnommen werden müssen, damit mit einer Wahrscheinlichkeit von mindestens 95% mindestens 200 dieser Schrauben fehlerfrei sind.

c) „Wind 24", ein Hersteller von Windkraftanlagen, benötigt 5 000 fehlerfreie Schrauben. „Wind 24" gibt bei der Firma „Schraubenwind " eine Bestellung auf.

(1) Ermitteln Sie, wie viele Schrauben mindestens produziert werden müssen, damit der Erwartungswert für fehlerfreie Schrauben in dieser Produktion mindestens 5 000 beträgt.

(2) Es werden 5 236 Schrauben produziert.
Ermitteln Sie die Wahrscheinlichkeit, dass die Anzahl an fehlerfreien Schrauben in dieser Produktion für den Bedarf von „Wind 24" ausreicht.

d) „Wind 24" beschwert sich bei „Schraubenwind". Die Qualität der gelieferten Schrauben habe stark nachgelassen: Ca. 8% der gelieferten Schrauben seien fehlerhaft. „Schraubenwind" entscheidet sich, dem Vorwurf nachzugehen. Es werden 200 Schrauben zufällig der laufenden Produktion entnommen und auf ihre Qualität hin untersucht. „Wind 24" ist der wichtigste Kunde von „Schraubenwind". Die Firmenleitung will daher die Wahrscheinlichkeit, dass sie die Beschwerde von „Wind 24" zurückweist, obwohl die Schrauben tatsächlich eine Fehlerquote von 8% aufweisen, begrenzen. Sie führt dazu einen Hypothesentest auf einem Signifikanzniveau von 5% durch.

(1) Bestimmen Sie eine Entscheidungsregel für den obigen Hypothesentest.

(2) Ermitteln Sie die Wahrscheinlichkeit, dass die Firmenleitung die Beschwerde von „Wind 24" nicht zurückweist, falls der Produktionsprozess nach wie vor nur eine Fehlerquote von 4,5% aufweist.

e) „Schraubenwind" stellt noch einen zweiten Schraubentyp her. Die Schichtdicke (gemessen in µm) einer zufällig ausgewählten Schraube dieses Typs lässt sich näherungsweise durch eine Normalverteilung mit $\mu = 8{,}2$ und $\sigma = 0{,}4$ (beides in µm) beschreiben.

(1) Ermitteln Sie die Wahrscheinlichkeit, dass die Schichtdicke (in µm) einer zufällig ausgewählten Schraube zwischen 7,5 und 8,5 liegt.

(2) Zu einer Normalverteilung mit der Dichtefunktion φ bezeichnet man die Funktion Φ mit

$$\Phi(x) = \int_{-\infty}^{x} \varphi(t)\,\mathrm{d}t$$

als Verteilungsfunktion.

In Abbildung 1 ist die Dichtefunktion einer Normalverteilung dargestellt, in Abbildung 2 ist die Verteilungsfunktion einer anderen Normalverteilung dargestellt.

Entscheiden Sie für beide Abbildungen jeweils begründet, ob es sich um eine Normalverteilung mit den Parametern μ = 8,2 und σ = 0,4 handeln kann.

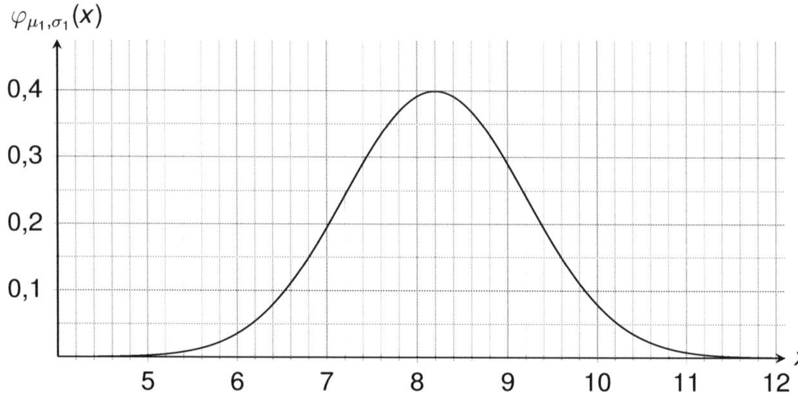

Abb. 1

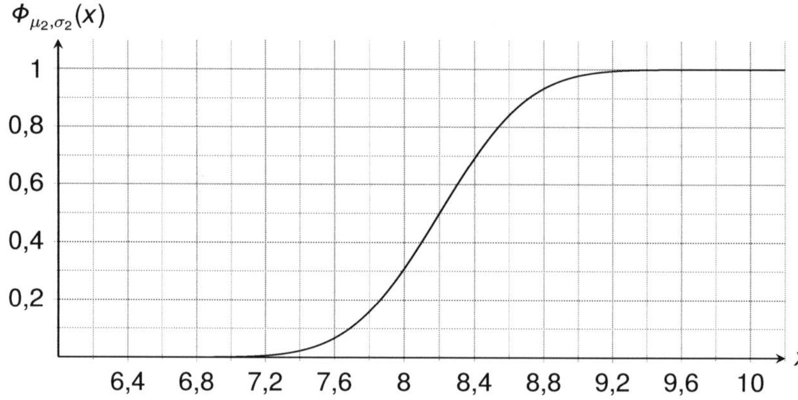

Abb. 2

3.2 Lösungen

3.2.1 Prüfungsteil A

Lösung:

a) (1) Für $k = 2$ wird der Vorfaktor von x^3 zu Null:

$$f_2(x) = x^4 + (2 - 2) \cdot x^3 - 2 \cdot x^2 = x^4 - 2 \cdot x^2$$

Damit bleiben ausschließlich Potenzen von x mit geraden Exponenten übrig. Daraus lässt sich auf die Achsensymmetrie zur y-Achse schließen. Wenn das nachgewiesen werden müsste, würde man den Ansatz $f(-x) = f(x)$ verwenden und sehen, dass Achsensymmetrie vorliegt.

Symmetrie

(2) Wenn bei $x = 1$ eine Wendestelle vorliegen soll, dann muss die zweite Ableitung (siehe notwendige Bedingung) bei $x = 1$ eine Nullstelle haben. Wir bestimmen zuerst die zweite Ableitung:

$$\begin{aligned} f_k'(x) &= \left(x^4 + (2-k)x^3 - kx^2\right)' \\ &= 4x^3 + 3 \cdot (2-k)x^2 - 2kx \\ &= 4x^3 + (6-3k)x^2 - 2kx \\ f_k''(x) &= \left(4x^3 + 3 \cdot (2-k)x^2 - 2kx\right)' \\ &= 12x^2 + 6 \cdot (2-k)x - 2k \\ &= 12x^2 + (12-6k)x - 2k \end{aligned}$$

In die zweite Ableitung setzen wir die Wendestelle $x = 1$ ein, setzen die Ableitung gleich Null und stellen nach dem gesuchten Parameter k um:

Wendestelle

$$\begin{aligned} f_l''(1) \overset{!}{=} 0 \Rightarrow \quad 12 + (12 - 6k) - 2k &= 0 \\ \Leftrightarrow \quad 24 - 8k &= 0 \quad | + 8k \\ \Leftrightarrow \quad 8k &= 24 \quad | \div 8 \\ \Leftrightarrow \quad k &= 3 \end{aligned}$$

b) (1) Mit Hilfe der Produkt- und Kettenregel ergibt sich:

Produkt- und Kettenregel

$$\begin{aligned} f_k'(x) &= \frac{1}{k}\left(x \cdot e^{-k^2 \cdot x}\right)' \\ &= \frac{1}{k} \cdot \left(1 \cdot e^{-k^2 \cdot x} + x \cdot (-k^2) \cdot e^{-k^2 \cdot x}\right) \\ &= \frac{1}{k} \cdot e^{-k^2 \cdot x} \cdot (1 - k^2 x) \\ &= e^{-k^2 \cdot x} \cdot \left(\frac{1}{k} - kx\right) \\ &= \left(-kx + \frac{1}{k}\right) \cdot e^{-k^2 \cdot x} \quad \checkmark \end{aligned}$$

(2) Damit bei $x = 1/k^2$ eine Extremstelle vorliegt, muss die erste Ableitung (notwendige Bedingung) an dieser Stelle Null werden. Die Ableitung haben wir bereits bestimmt, also setzen wir den x-Wert dort ein:

$$f_k'\left(\frac{1}{k^2}\right) = \left(-k \cdot \frac{1}{k^2} + \frac{1}{k}\right) \cdot e^{-k^2 \cdot \frac{1}{k^2}} = \left(-\frac{1}{k} + \frac{1}{k}\right) \cdot e^{-1} = 0 \quad \checkmark$$

Es liegt eine Extremstelle vor für alle $k \neq 0$.

Damit an der Stelle $x = 1/k^2$ ein Minimum vorliegt, muss die zweite Ableitung (hinreichende Bedingung) größer als Null sein:

$$f''\left(\frac{1}{k^2}\right) > 0$$

An dieser Stelle dürfen wir den gegebenen Wert aus der Aufgabenstellung verwenden und können sagen, dass $-ke^{-1} > 0$ sein muss. Da e^{-1} stets positiv ist, wird das Vorzeichen durch $-k$ bestimmt. Ist k negativ, so wird $-k$ positiv und somit der ganze Ausdruck. Es liegt also für $k < 0$ ein Minimum vor.

Schnittpunkt

c) (1) Um einen Schnittpunkt von zwei Funktionen zu bestimmen, müssen die Funktionsgleichungen gleichgesetzt werden:

$$\begin{aligned} f(x) \stackrel{!}{=} h(x) \Rightarrow \quad (x-3) \cdot e^x &= x - 3 && \mid -(x-3) \\ \Leftrightarrow \quad (x-3) \cdot e^x - (x-3) &= 0 && \mid (x-3) \text{ ausklammern} \\ \Leftrightarrow \quad (e^x - 1) \cdot (x-3) &= 0 \end{aligned}$$

Satz vom Nullprodukt

Nach dem Satz vom Nullprodukt wird diese Gleichung genau dann Null, wenn $e^x - 1 = 0$ oder $x - 3 = 0$ gilt:

$$\begin{aligned} e^x - 1 &= 0 && \mid +1 \\ \Leftrightarrow \quad e^x &= 1 && \mid \ln(\ldots) \\ \Leftrightarrow \quad x &= 0 \end{aligned} \qquad \Bigg| \qquad \begin{aligned} x - 3 &= 0 && \mid +3 \\ \Leftrightarrow \quad x &= 3 \end{aligned}$$

Die Schnittstellen liegen somit bei $x = 0$ und $x = 3$.

(2) Die Funktion $d(x)$ beschreibt die Differenzfunktion, womit wir die Fläche zwischen zwei Funktionsgraphen bestimmen können. Zudem haben wir bereits die Stammfunktion $D(x)$ gegeben, sodass wir die Fläche nur noch im entsprechenden Intervall [1; 3] berechnen müssen:

$$\begin{aligned} A &= \int_0^3 d(x)\, \mathrm{d}x \\ &= \left[(4-x) \cdot e^x + 0{,}5 \cdot x^2 - 3 \cdot x\right]_0^3 \\ &= \left((4-3) \cdot e^3 + 4{,}5 - 9\right) - 4 \cdot e^0 \\ &= e^3 - 8{,}5 \text{ [FE]} \end{aligned}$$

d) (1) Wir sollen den Wert des Integrals

$$\int_1^7 f(x)\,\mathrm{d}x = F(7) - F(1)$$

bestimmen. Doch wir haben keine Funktion f gegeben. In der Abbildung ist allerdings der Graph der Stammfunktion F dargestellt. Und dadurch können wir einfach die passenden Integralwerte ablesen:

$$F(1) = 1 \text{ und } F(7) = 5.$$

Dann folgt für den gesuchten Integralwert:

$$\int_1^7 f(x)\,\mathrm{d}x = F(7) - F(1) = 5 - 1 = 4$$

(2) Den Wert der Ableitung können wir anhand der Steigung der Tangente (Stichwort: Steigungsdreieck) ungefähr bestimmen. Wir zeichnen eine Tangente an den Graphen von F an die Stelle $x = 1$:

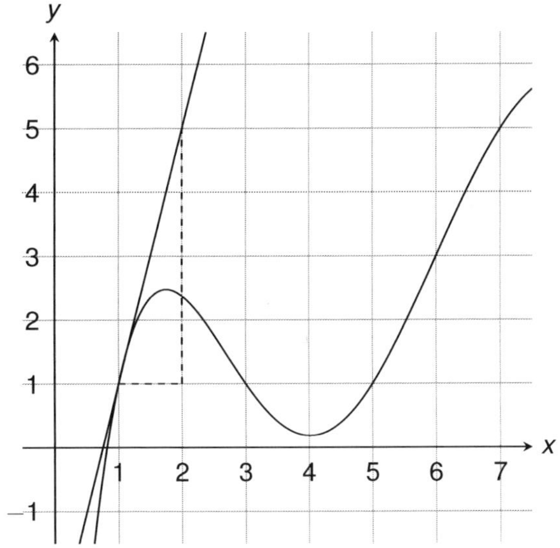

Daraus folgt $f(1) = F'(1) \approx 4$.

Mittelpunkt

e) Den Mittelpunkt können wir mit Hilfe der Mittelpunktsformel bestimmen:

$$\vec{m} = \frac{1}{2}\left(\vec{a} + \vec{b}\right) = \frac{1}{2}\left(\begin{pmatrix} -5 \\ 5 \\ -3 \end{pmatrix} + \begin{pmatrix} -1 \\ 1 \\ -1 \end{pmatrix}\right) = \frac{1}{2}\begin{pmatrix} -6 \\ 6 \\ -4 \end{pmatrix} = \begin{pmatrix} -3 \\ 3 \\ -2 \end{pmatrix}$$

Daraus folgt $M(-3|3|-2)$.

Ein Vektor, der parallel zur x_1x_3-Ebene verläuft, hat die allgemeine Form

$$\begin{pmatrix} u \\ 0 \\ v \end{pmatrix} \text{ (die } x_2\text{-Koordinate ist immer Null).}$$

Dieser muss als Mittelsenkrechte senkrecht zur Strecke $\overline{AB}$ verlaufen. Wenn Vektoren senkrecht zueinander stehen sollen, ist das Stichwort: Skalarprodukt! Das Skalarprodukt muss hierbei Null ergeben.

$$\overrightarrow{AB} \bullet \begin{pmatrix} u \\ 0 \\ v \end{pmatrix} = \left(\begin{pmatrix} -1 \\ 1 \\ -1 \end{pmatrix} - \begin{pmatrix} -5 \\ 5 \\ -3 \end{pmatrix}\right) \bullet \begin{pmatrix} u \\ 0 \\ v \end{pmatrix} = \begin{pmatrix} 4 \\ -4 \\ 2 \end{pmatrix} \bullet \begin{pmatrix} u \\ 0 \\ v \end{pmatrix} = 4u + 2v \stackrel{!}{=} 0$$

Es folgt: $4u + 2v = 0 \Leftrightarrow v = -2u$. Wählen wir z.B. $u = 1$, dann folgt $v = -2$. Also ist

$$\vec{x} = \begin{pmatrix} -3 \\ 3 \\ -2 \end{pmatrix} + t \cdot \begin{pmatrix} 1 \\ 0 \\ -2 \end{pmatrix}, \text{ mit } s \in \mathbb{R}$$

eine mögliche Gleichung der gesuchten Mittelsenkrechten.

f) (1) Für den Erwartungswert gilt:

$$E(X) = n \cdot p = 100 \cdot 0{,}8 = 80$$

Für die Standardabweichung gilt:

$$\sigma(X) = \sqrt{n \cdot p \cdot (1 - p)} = \sqrt{100 \cdot 0{,}8 \cdot 0{,}2} = \sqrt{16} = 4$$

Binomial-verteilung

(2) Die Zufallsgröße ist binomialverteilt. Wir suchen die Wahrscheinlichkeit für $k = 80$. Da die ersten 10 Treffer bei den ersten 10 Würfen erfolgen muss, beschreibt der erste Faktor 10 Treffer, also $0{,}8^{10}$. In den folgenden 90 Würfen trifft Pia noch 70.mal. Dies können wir wieder mit der Binomialverteilung beschreiben und zum ersten Faktor dazu multiplizieren:

$$0{,}8^{10} \cdot \binom{90}{70} \cdot 0{,}8^{70} \cdot 0{,}2^{20}$$

(3) Mindestens einmal zu treffen wird beschrieben durch $P_{100;0,8}(X \geq 1)$. Wir bilden zuerst die Gegenwahrscheinlichkeit, um das Ungleichheitszeichen umzudrehen und können dann einen Term aufstellen:

$$\begin{aligned} P_{100;0,8}(X \geq 1) &= 1 - P_{100;0,8}(X < 1) \\ &= 1 - \underbrace{\binom{100}{0}}_{=1} \cdot \underbrace{0,8^0}_{=1} \cdot 0,2^{100} \\ &= 1 - 0,2^{100} \end{aligned}$$

$0,2^{100}$ ist eine sehr kleine positive Zahl, die nahezu den Wert 0 hat. Daher gilt: $1 - 0,2^{100} \approx 1 = 100\%$.

3.2.2 Prüfungsteil B

Analysis

Lösung:

a) (1) Die Nullstelle soll bei der Aufgabenstellung nur angegeben werden. Daher ist es in der Regel ausreichend, sich die Abbildung genau anzuschauen und den Wert abzulesen: $N(3|0)$. Zur Vollständigkeit rechnen wir das bei dieser Aufgabe aber nochmal nach.

Satz vom Nullprodukt

Für die Nullstellen setzen wir die Funktion gleich Null. Aus dem Satz vom Nullprodukt folgt sofort, dass die Funktion nur Null wird, wenn einer der Faktoren Null wird. Da ein Termin mit e nie Null werden kann, ist $(x-3)$ der einzige Faktor, der Null werden kann. Draus folgt mit

$$\begin{aligned} x-3 &= 0 \quad |+3 \\ \Leftrightarrow \quad x &= 3 \end{aligned}$$

die gesuchte Nullstelle $N(3|0)$.

Für den Hochpunkt benötigen wir bei der notwendigen Bedingung die erste Ableitung, die wir mit Hilfe der Produkt- und Kettenregel bestimmen können:

$$\begin{aligned} f'(x) &= \left(9(x-3)\cdot e^{-1,5(x-3)}\right)' \\ &= 9\cdot 1\cdot e^{-1,5(x-3)} + 9\cdot(x-3)\cdot(-1,5)e^{-1,5(x-3)} \\ &= 9e^{-1,5(x-3)}\cdot(1-1,5(x-3)) \\ &= 9e^{-1,5(x-3)}\cdot(-1,5x+5,5) \end{aligned}$$

Die 1. Ableitung (= Steigung) muss bei Extremstellen wieder gleich Null sein. Wieder gibt es nur einen Faktor, der Null werden kann, also folgt:

$$\begin{aligned} -1,5x+5,5 &= 0 \quad |-5,5 \\ \Leftrightarrow \quad -1,5x &= -5,5 \quad |\div(-1,5) \\ \Leftrightarrow \quad x &= \tfrac{11}{3} \end{aligned}$$

Eingesetzt in die Funktion liefert uns der Taschenrechner:

$$f\left(\frac{11}{3}\right) = \frac{6}{e}$$

Den Nachweis mit der hinreichenden Bedingung benötigen wir nicht, da der Hochpunkt aus der grafischen Analyse eindeutig ist.

(2) Den Flächeninhalt können wir mit Hilfe des Integrals bestimmen. Da eine Nullstelle bei $x = 3$ vorliegt, wird die Fläche bei $x = 3$ links durch Graphen beschränkt.

Auf der rechten Seite wird die Fläche durch die gegebene Gerade $x = 7$ begrenzt. Damit geht das Integral von 3 bis 7. Der Taschenrechner liefert uns:

$$\int_3^7 f(x)\,\mathrm{d}x \approx 3{,}93 \text{ [FE]}$$

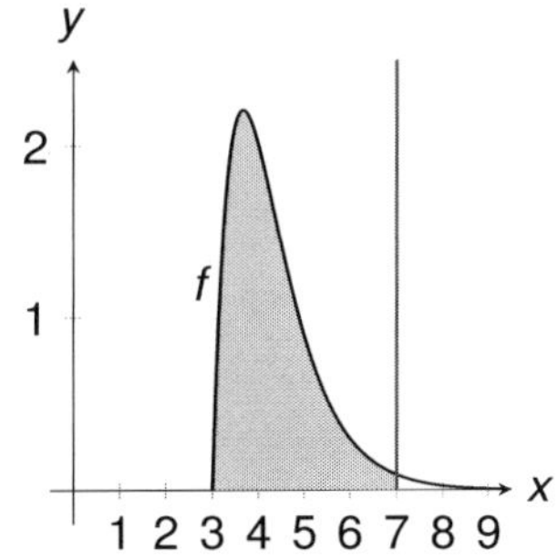

(3) Wenn der TR uneigentliche Integrale (= mindestens eine Integralgrenze nicht definiert) beherrscht, folgt:

$$\lim_{w\to\infty}\left(\int_3^w f(x)\,\mathrm{d}x\right) = 4$$

Der Inhalt der nach rechts offenen Fläche ($x \geq 3$) zwischen der x-Achse und dem Graphen der Funktion f beträgt 4 Flächeneinheiten.

Alternativ kann mit dem TR die Stammfunktion gebildet und anschließend bei der Flächenberechnung der Grenzwert betrachtet werden:

$$\begin{aligned}
\lim_{w\to\infty}\left(\int_3^w f(x)\,\mathrm{d}x\right) &= \lim_{w\to\infty} -2\cdot(3x-7)\cdot e^{-1{,}5(x-3)}\Big|_3^w \\
&= \lim_{w\to\infty} -2\cdot(3\cdot w-7)\cdot e^{-1{,}5(w-3)} - \left(-2\cdot(3\cdot 3-7)\cdot e^{-1{,}5(3-3)}\right) \\
&= \underbrace{\lim_{w\to\infty} -2\cdot(3\cdot w-7)\cdot \underbrace{e^{\overbrace{-1{,}5\cdot\overbrace{(w-3)}^{\to+\infty}}^{\to-\infty}}}_{\to 0}}_{\to 0} \underbrace{-(-4\cdot \underbrace{e^0}_{=1})}_{=-4} \\
&= 4
\end{aligned}$$

(4) (i) Wir machen uns eine Skizze mit den Punkten N, P und Q_u.

Als Grundseite des Dreiecks NPQ_u kann die Strecke $\overline{NP}$ mit der Länge $(9-3) = 6$ Längeneinheiten verwendet werden. Die Höhe des Dreiecks ist durch $f(u)$ gegeben. Für den Flächeninhalt des Dreiecks gilt:

$$A_{NPQ_u}(u) = \frac{1}{2}\cdot 6\cdot f(u) = 3\cdot f(u)$$

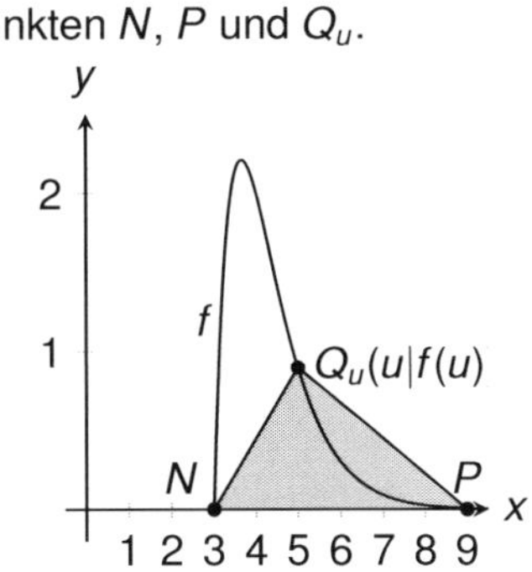

(ii) Da der Flächeninhalt immer der dreifache Wert des Funktionswertes $f(u)$ ist und der Funktionswert im Hochpunkt der größte Wert der Funktion ist, wird der Flächeninhalt des Dreiecks NPQ_u für $u = \frac{11}{3}$ maximal.

(iii) Mit

$$A_{NPQ_u} = 3 \cdot f(u) \stackrel{!}{=} 4 \Rightarrow \quad 3 \cdot 9 \cdot (u-3) \cdot e^{-1{,}5(u-3)} = 4$$
$$\Leftrightarrow \quad 27 \cdot (u-3) \cdot e^{-1{,}5(u-3)} = 4$$

liefert der Taschenrechner die Lösungen $u \approx 3{,}20 \vee u \approx 4{,}58$.
Für diese beiden Werte hat das Dreieck NPQ_u einen Flächeninhalt von 4 Flächeneinheiten.

knickfreier Graph

b) (1) (i) Die Bedingungen I und II stellen sicher, dass es sich bei der Funktion t um die Tangente an den Graphen der Funktion f im Punkt R handelt. Damit wird sichergestellt, dass der Übergang „knickfrei“ erfolgt.

(ii) Mit dem ersten Integral wird der Inhalt der Fläche zwischen dem Graphen von f und der x-Achse über dem Intervall $[3; z]$ berechnet. Mit dem zweiten Integral wird der Inhalt der Fläche zwischen dem Graphen von t und der x-Achse über dem Intervall $[z; c]$ berechnet, wobei c die Nullstelle der Funktion t ist. Die Addition ergibt den Flächeninhalt der in der Aufgabe beschriebenen Fläche.

(2) (i) Die Werte $f(3{,}9428) \approx 2{,}0629$ und $f'(3{,}9428) \approx -0{,}9063$ setzen wir in die allgemeine Formel für die Tangentengleichung ein:

$$\begin{aligned} t(x) &= f'(z) \cdot (x-z) + f(z) \\ &= -0{,}9063 \cdot (x - 3{,}9428) + 2{,}0629 \\ &\approx -0{,}9063x + 5{,}6363 \end{aligned}$$

(ii) Wir setzen $t(x) \stackrel{!}{=} 0$ und lösen nach x auf:

$$\begin{aligned} -0{,}9063x + 5{,}6363 &= 0 && \mid -5{,}6363 \\ \Leftrightarrow \quad 0{,}9063x &= 5{,}6363 && \mid \div 0{,}9063 \\ \Leftrightarrow \quad x &= \tfrac{5{,}6363}{0{,}9063} \end{aligned}$$

Die Nullstelle liegt ungefähr bei $x \approx 6{,}22$.

c) (1) Nach dem Satz vom Nullprodukt wird die Funktion genau dann Null, wenn einer der Faktoren Null wird. Nun ist nach Definition $k > 0$ und $e^{-k(x-3)} > 0$. Somit kann $g_k(x)$ nur Null werden, wenn $x - 3 = 0$ gilt. Diese Gleichung hat als einzige Lösung $x = 3$ und somit existiert nur eine Nullstelle.

(2) Zuerst bestimmen wir die Ableitung mit Hilfe der Produkt- und Kettenregel:

$$\begin{aligned} g_k'(x) &= \left(4k^2 \cdot (x-3) \cdot e^{-k(x-3)}\right)' \\ &= 4k^2 \left(1 \cdot e^{-k(x-3)} + (x-3) \cdot (-k) \cdot e^{-k(x-3)}\right) \\ &= 4k^2 \left(1 - k(x-3)\right) \cdot e^{-k(x-3)} \end{aligned}$$

Für die notwendige Bedingung suchen wir die Nullstellen der Ableitungsfunktion. Wieder nutzen wir den Satz vom Nullprodukt und der einzige Faktor, der zu Null werden kann, ist:

$$\begin{aligned} \Rightarrow \quad 1 - k(x-3) &= 0 && \mid + k(x-3) \\ \Leftrightarrow \quad k(x-3) &= 1 && \mid \div k \\ \Leftrightarrow \quad x - 3 &= \tfrac{1}{k} && \mid + 3 \\ \Leftrightarrow \quad x &= 3 + \tfrac{1}{k} \end{aligned}$$

Nach der Aufgabenstellung ist die zweite Ableitung an der Stelle gleich $-4k^3e^{-1}$. Da aber alle Faktoren ($k > 0$) positiv sind, wird der gesamte Ausdruck durch das Minus negativ. Also liegt für alle k an der Stelle $x = 3 + \frac{1}{k}$ ein Hochpunkt vor.

(3) Es ist derselbe Ausdruck zu lösen wie in a) (3), nur bzgl. g_k anstatt f.

$$\lim_{w \to \infty} \int_3^w g_k(x)\, \mathrm{d}x$$

Dieses Mal hilft uns der Taschenrechner allerdings aufgrund der Abhängigkeit von k nicht. Dafür haben wir in diesem Fall die Stammfunktion gegeben und müssen eine Grenzwertbetrachtung durchführen:

$$\begin{aligned} \lim_{w \to \infty} \left(\int_3^w g_k(x)\, \mathrm{d}x \right) &= \lim_{w \to \infty} -4k \cdot \left(x - 3 + \tfrac{1}{k}\right) \cdot e^{-k \cdot (x-3)} \Big|_3^w \\ &= \lim_{w \to \infty} -4k \left(w - 3 + \tfrac{1}{k}\right) \cdot e^{-k(w-3)} - \left(-4k \cdot \left(3 - 3 + \frac{1}{k}\right) e^{-k(3-3)}\right) \\ &= \lim_{w \to \infty} \underbrace{-4k \left(w - 3 + \frac{1}{k}\right) \cdot e^{\overbrace{-k(w-3)}^{\to -\infty}}}_{\to 0} - \left(-4k \cdot \left(\tfrac{1}{k}\right) \cdot e^0\right) \\ &= 4 \end{aligned}$$

Die Exponentialfunktion steigt wesentlich schneller an als eine lineare Funktion. Deshalb dominiert für $w \to \infty$ der Exponentialterm. Somit geht der erste Summand gegen Null, denn $\lim_{w \to \infty} e^{-k(w-3)} \to 0$. Da der erste

Ausdruck gegen Null geht, verschwinden alle Terme, die von k abhängig sind. Somit bleibt

$$\lim_{w \to \infty} \int_3^w g_k(x)\,\mathrm{d}x = 4$$

für alle $k \in \mathbb{R}$ und $k > 0$.

(4) (i) Da der allgemeine Hochpunkt der Funktionenschar gegeben ist, müssen wir $k = 2{,}6$ lediglich einsetzen und erhalten den ungefähren Hochpunkt mit $H_{2,6}(3{,}38|3{,}83)$. Für den Schnittpunkt müssen die Funktionen für $k = 1{,}5$ und $k = 2{,}6$ gleichgesetzt werden.
Der Taschenrechner liefert:

$$g_{1,5} \stackrel{!}{=} g_{2,6} \Rightarrow S(4|2)$$

(ii) Skizze:

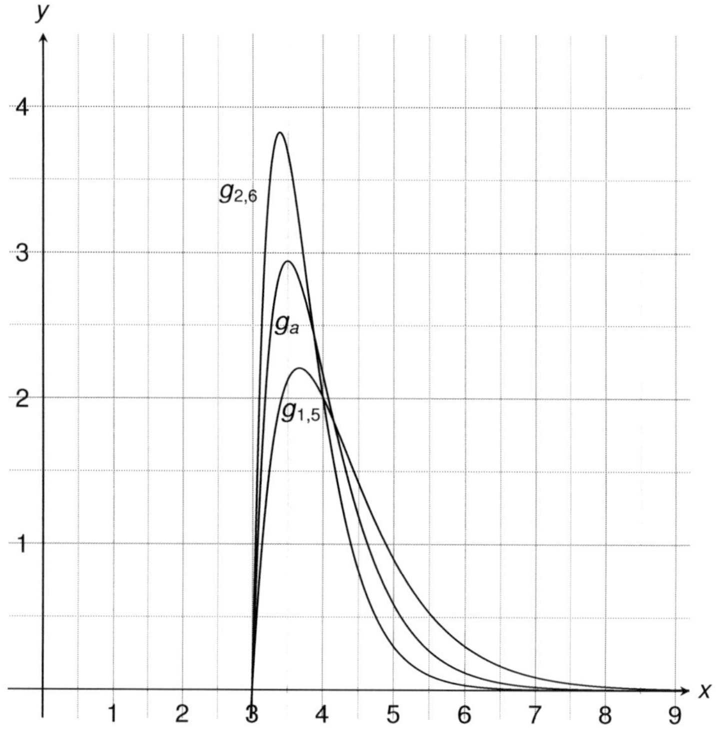

(5) Da die y-Koordinate des Hochpunktes des Graphen von $g_{1,5}$ kleiner ist als die von g_a und der Hochpunkt die y-Koordinate $4 \cdot k \cdot e^{-1}$ hat, also linear mit k ansteigt, muss $a > 1{,}5$ gelten.

Geometrie

Lösung:

a) (1) Der Punkt B liegt in der x_1x_2-Ebene und dazu unterhalb vom Punkt E. Also besitzt der Punkt B diesselbe x_1- und x_2-Koordinate wie Punkt E und dazu die x_3-Koordinate 0. Also ist $B(48|64|0)$.

(2) Zuerst bestimmen wir die Seiten des Dreiecks, die in E zusammenlaufen:

$$\overrightarrow{EG_a} = \begin{pmatrix} 0 \\ 0 \\ a \end{pmatrix} - \begin{pmatrix} 48 \\ 64 \\ 246 \end{pmatrix} = \begin{pmatrix} -48 \\ -64 \\ a-246 \end{pmatrix}, \quad \overrightarrow{EF} = \begin{pmatrix} 0 \\ 100 \\ 246 \end{pmatrix} - \begin{pmatrix} 48 \\ 64 \\ 246 \end{pmatrix} = \begin{pmatrix} -48 \\ 36 \\ 0 \end{pmatrix}$$

Diese beiden Vektoren stehen genau dann senkrecht aufeinander, wenn das Skalarprodukt dieser Vektoren Null ergibt:

Skalarprodukt

$$\begin{pmatrix} -48 \\ -64 \\ a-246 \end{pmatrix} \bullet \begin{pmatrix} -48 \\ 36 \\ 0 \end{pmatrix} = 2\,304 - 2\,304 + 0 = 0 \checkmark$$

Also ist das Dreieck G_aEF für jedes $a \geq 0$ rechtwinklig im Punkt E.

(3) Aus (2) folgt, dass das Dreieck DEF im Punkt E rechtwinklig ist. Also können wir eine der Katheten als Basis und eine als Höhe nutzen, um damit den Flächeninhalt zu bestimmen. Die Seitenlängen können wir ebenfalls aus (2) direkt aufstellen.

Länge eines Vektors

$$\overline{EF} = \left| \begin{pmatrix} -48 \\ 36 \\ 0 \end{pmatrix} \right| = \sqrt{48^2 + 36^2} = \sqrt{3\,600} = 60$$

$$\overline{EG_a} = \left| \begin{pmatrix} -48 \\ -64 \\ a-246 \end{pmatrix} \right| = \sqrt{48^2 + 64^2 + (a-246)^2}$$

Daraus folgt für den Flächeninhalt:

$$A_{DEF} = \frac{1}{2} \cdot g \cdot h = \frac{1}{2} \cdot 60 \cdot \sqrt{48^2 + 64^2 + (a-246)^2} \stackrel{!}{=} 780 \cdot \sqrt{41} \text{ [FE]}$$

Diese Gleichung können wir nun nach a auflösen:

$$\begin{aligned}
& 30 \cdot \sqrt{6\,400 + (a-246)^2} &=& \; 780 \cdot \sqrt{41} & \quad |\div 30 \\
\Leftrightarrow \quad & \sqrt{6\,400 + (a-246)^2} &=& \; 26 \cdot \sqrt{41} & \quad |^2 \\
\Leftrightarrow \quad & 6\,400 + (a-246)^2 &=& \; 27\,716 & \quad |-6\,400 \\
\Leftrightarrow \quad & (a-246)^2 &=& \; 21\,316 & \quad |\sqrt{\dots} \\
\Leftrightarrow \quad & a-246 &=& \; \pm 146 & \quad |+246 \\
\Leftrightarrow \quad & a &=& \; 246 \pm 146 &
\end{aligned}$$

Da $0 \leq a \leq 246$, kommt nur die Lösung $a = 246 - 146 = 100$ in Frage.

(4) Das Volumen eines Prismas ergibt sich aus der Multiplikation von Grundfläche und Höhe:

$$V_{\text{Prisma}} = A_{DEF} \cdot h = 2\,400 \cdot 246 = 590\,400 \text{ [VE]}$$

b) (1) Da wir das Volumen des Prismas bereits ermittelt haben, berechnen wir das Volumen der Pyramide $DEFG$ und berechnen den prozentualen Anteil vom Gesamtvolumen.

Die Grundfläche ist wieder das Dreieck A_{DEF}. Die Höhe ist die Reduzierung der Strecke $\overline{AD}$, also 100 LE. Damit ergibt sich das Volumen:

$$V_{\text{Pyramide}} = \frac{1}{3} \cdot A_{DEF} \cdot h_{\text{Pyramide}} = \frac{1}{3} \cdot 2\,400 \cdot 100 = 80\,000 \text{ [VE]}$$

Der prozentuale Anteil ergibt sich durch den Quotienten von Pyramiden- und Prismavolumen:

$$\frac{80\,000}{590\,400} \approx 0{,}1355 = 13{,}55\%$$

Das Volumen hat sich um 13,55% verkleinert.

Parameterform

(2) Die Vektoren $\overrightarrow{EG_a}$ und $\overrightarrow{EF}$ haben wir bereits in a) (2) bestimmt. In dieser Teilaufgabe ist $a = 146$ und somit lauten die Vektoren

$$\overrightarrow{EF} = \begin{pmatrix} -48 \\ 36 \\ 0 \end{pmatrix} \quad \text{und} \quad \overrightarrow{EG} = \begin{pmatrix} -48 \\ -64 \\ -100 \end{pmatrix}.$$

Damit haben wir bereits die Spannvektoren für die Ebene, in der das Dach liegt. Mit dem Ortsvektor zum Punkt E liegt dann die vollständige Ebene in Parameterform vor:

$$E : \vec{x} = \overrightarrow{OE} + s \cdot \overrightarrow{EG} + t \cdot \overrightarrow{EF} = \begin{pmatrix} 48 \\ 64 \\ 246 \end{pmatrix} + s \cdot \begin{pmatrix} -48 \\ -64 \\ -100 \end{pmatrix} + t \cdot \begin{pmatrix} -48 \\ 36 \\ 0 \end{pmatrix}, \; s, t \in \mathbb{R}$$

Damit wir nur die Dachpunkte erhalten, müssen wir die Parameter s und t noch einschränken. Die Ebenengleichung für das Dach lautet:

$$E_{\text{Dach}}: \vec{x} = \begin{pmatrix} 48 \\ 64 \\ 246 \end{pmatrix} + s \cdot \begin{pmatrix} -48 \\ -64 \\ -100 \end{pmatrix} + t \cdot \begin{pmatrix} -48 \\ 36 \\ 0 \end{pmatrix}, \quad s, t \geq 0, s + t \leq 1$$

(3) Wenn die Gerade einen Dachpunkt enthält, dann muss dies der Schnittpunkt der Ebene und der Geraden sein. Um zu prüfen, ob es einen Schnittpunkt gibt, setzen wir beide Parametergleichungen von g und E_{Dach} gleich.

Schnittpunkt von Gerade und Ebene

$$\Rightarrow \quad \begin{pmatrix} 48 \\ 64 \\ 246 \end{pmatrix} + s \cdot \begin{pmatrix} -48 \\ -64 \\ -100 \end{pmatrix} + t \cdot \begin{pmatrix} -48 \\ 36 \\ 0 \end{pmatrix} = \begin{pmatrix} 4 \\ 10 \\ 200 \end{pmatrix} + k \cdot \begin{pmatrix} 3 \\ 7 \\ -1 \end{pmatrix} \quad \Bigg| - \begin{pmatrix} 48 \\ 64 \\ 246 \end{pmatrix}$$

$$\Leftrightarrow \quad s \cdot \begin{pmatrix} -48 \\ -64 \\ -100 \end{pmatrix} + t \cdot \begin{pmatrix} -48 \\ 36 \\ 0 \end{pmatrix} = \begin{pmatrix} -44 \\ -54 \\ -46 \end{pmatrix} + k \cdot \begin{pmatrix} 3 \\ 7 \\ -1 \end{pmatrix} \quad \Bigg| -k \cdot \begin{pmatrix} 3 \\ 7 \\ -1 \end{pmatrix}$$

$$\Leftrightarrow \quad s \cdot \begin{pmatrix} -48 \\ -64 \\ -100 \end{pmatrix} + t \cdot \begin{pmatrix} -48 \\ 36 \\ 0 \end{pmatrix} + k \cdot \begin{pmatrix} -3 \\ -7 \\ 1 \end{pmatrix} = \begin{pmatrix} -44 \\ -54 \\ -46 \end{pmatrix}$$

Daraus ergibt sich das LGS:

$$\left| \begin{array}{rcrcrcr} -48s & - & 48t & - & 3k & = & -44 \\ -64s & + & 36t & - & 7k & = & -54 \\ -100s & & & + & k & = & -46 \end{array} \right|$$

Das LGS kann mit dem Taschenrechner gelöst werden und liefert die Lösungen $s = \frac{1}{2}, t = \frac{1}{6}$ und $k = 4$.

Da $\frac{1}{2} \geq 0, \frac{1}{6} \geq 0$ und $\frac{1}{2} + \frac{1}{6} = \frac{2}{3} < 1$ gilt, liegt der Schnittpunkt tatsächlich auf der Dachfläche GEF.

c) (1) Der konstante Part der Koordinatenform entsteht durch die Multiplikation des Normalenvektors und eines Punktes der Ebene. Den Normalenvektor können wir aus der Gleichung E_b sofort ablesen:

Koordinatenform

$$\vec{n} = \begin{pmatrix} 3 \\ 4 \\ -4 \end{pmatrix}$$

Nun nehmen wir noch einen Punkt von E_{Dach} und wenden das Skalarprodukt mit dem Normalenvektor an. Das Ergebnis ist das gesuchte b:

$$b = \vec{n} \bullet \vec{g} = \begin{pmatrix} 3 \\ 4 \\ -4 \end{pmatrix} \bullet \begin{pmatrix} 0 \\ 0 \\ 146 \end{pmatrix} = -584$$

Für $b = -584$ gilt also $E_b = E_{\text{Dach}}$.

(2) Für den Winkel benötigen wir die Normalenvektoren von beiden Ebenen. Den Normalenvektor von E_{Dach} haben wir bereits. Wir benötigen noch den Normalenvektor von E_{Wand}.

Um diesen zu bestimmen, benötigen wir zwei linear unabhängige Vektoren, die in der Ebene liegen. $\overrightarrow{EF}$ haben wir bereits bestimmt. Also bestimmen wir noch einen weiteren Vektor:

$$\overrightarrow{EB} = \begin{pmatrix} 48 \\ 64 \\ 0 \end{pmatrix} - \begin{pmatrix} 48 \\ 64 \\ 246 \end{pmatrix} = \begin{pmatrix} 0 \\ 0 \\ -246 \end{pmatrix}$$

Mit Hilfe des Kreuzproduktes bestimmen wir den Normalenvektor:

$$\begin{pmatrix} -48 \\ 36 \\ 0 \end{pmatrix} \times \begin{pmatrix} 0 \\ 0 \\ -246 \end{pmatrix} = \begin{pmatrix} 36 \cdot (-246) - 0 \cdot 0 \\ 0 \cdot 0 - (-246) \cdot (-48) \\ -48 \cdot 0 - 0 \cdot 36 \end{pmatrix} = -246 \begin{pmatrix} 36 \\ 48 \\ 0 \end{pmatrix} = -2\,952 \begin{pmatrix} 3 \\ 4 \\ 0 \end{pmatrix}$$

Da jedes Vielfache eines Normalenvektors selbst wieder ein Normalenvektor ist, nehmen wir direkt eine einfachere Form und lassen den Vorfaktor $-2\,952$ im letzten Schritt weg. Daraus ergibt sich der Winkel

$$\cos\alpha = \frac{\left| \begin{pmatrix} 3 \\ 4 \\ -4 \end{pmatrix} \bullet \begin{pmatrix} 3 \\ 4 \\ 0 \end{pmatrix} \right|}{\left| \begin{pmatrix} 3 \\ 4 \\ -4 \end{pmatrix} \right| \cdot \left| \begin{pmatrix} 3 \\ 4 \\ 0 \end{pmatrix} \right|} = \frac{9 + 16}{\sqrt{3^2 + 4^2 + (-4)^2} \cdot \sqrt{3^2 + 4^2}} = 25 \cdot \frac{\sqrt{41}}{205}$$

mit $\alpha \approx 38{,}66^\circ$.

(3) Den Abstand von der Ebene E_{Dach} können wir mit Hilfe der Formel:

$$d(P; E_{\text{Dach}}) = \left| \frac{3x_1 + 4x_2 - 4x_3 + 584}{\sqrt{3^2 + 4^2 + (-4)^2}} \right|$$

bestimmen. Im Zähler steht die Koordinatengleichung (wichtig, muss vorher nach = 0 umgestellt werden) und im Nenner wird die Länge des Normalenvektors berechnet. Jetzt muss nur noch die Koordinate P eingesetzt werden und da die x_3-Koordinate (= z) gesucht ist, setzen wir den Ausdruck gleich dem Abstand d = 2,5. Es folgt:

$$d(P; E_{\text{Dach}}) \stackrel{!}{=} 2{,}5 \Rightarrow \left|\frac{3 \cdot 0 + 4 \cdot 100 - 4 \cdot z + 584}{\sqrt{3^2 + 4^2 + (-4)^2}}\right| = 2{,}5$$

$$\Leftrightarrow \left|\frac{400 - 4z + 584}{\sqrt{41}}\right| = 2{,}5$$

Der Taschenrechner liefert die Lösungen $z_1 \approx 242$ und $z_2 \approx 250$. Da der Punkt P oberhalb vom Dach liegen soll, muss der z Wert größer als 246 sein. Damit ist die gesuchte x_3-Koordinate $z \approx 250$.

Stochastik

Lösung:

Baum-diagramm

a) (1) Wir legen fest:

K: Körper ist fehlerfrei
$\overline{K}$: Körper ist nicht fehlerfrei
B: Beschichtung ist fehlerfrei
$\overline{B}$: Beschichtung ist nicht fehlerfrei

Das ausgefüllte Baumdiagramm:

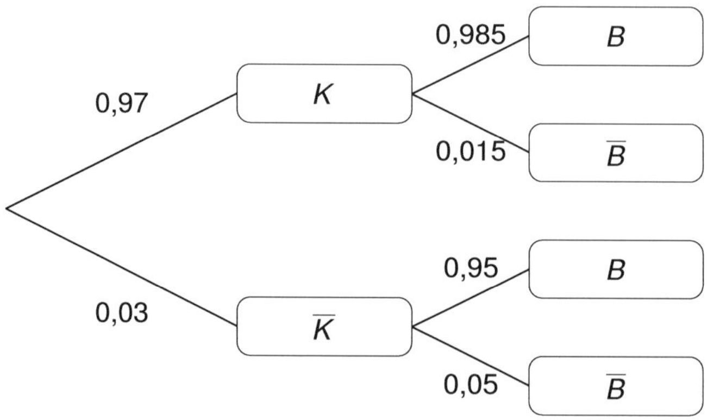

Bedingte Wahrscheinlichkeit

(2) Wir wollen wissen, wie hoch die Wahrscheinlichkeit eines fehlerhaften Körpers ist, unter der Bedingung, dass die Schraube eine fehlerhafte Beschichtung hat:

$$P(\overline{K}|\overline{B}) = \frac{P(\overline{K} \cap \overline{B})}{P(\overline{B})} = \frac{P(\overline{K} \cap \overline{B})}{P(K \cap \overline{B}) + P(\overline{K} \cap \overline{B})}$$

$$= \frac{0{,}03 \cdot 0{,}05}{0{,}97 \cdot 0{,}015 + 0{,}03 \cdot 0{,}05} = \frac{0{,}0015}{0{,}01605} \approx 0{,}09346$$

Damit beträgt die gesuchte Wahrscheinlichkeit 9,35%.

b) (1) Die Stichprobe (n) beträgt 500 Schrauben und die Wahrscheinlichkeit einer fehlerhaften Schraube beträgt $p = 0{,}045$. Außerdem suchen wir die Wahrscheinlichkeit, dass genau 15 Schrauben fehlerhaft sind (k). Die gesuchte Wahrscheinlichkeit lässt sich mit dem Taschenrechner bestimmen:

$$P_{500;0{,}045}(X = 15) \approx 0{,}0238 = 2{,}38\%$$

(2) Die Größe der Stichprobe (n) ist gesucht. Da die Schraube fehlerfrei sein soll, suchen wir die Gegenwahrscheinlichkeit von p, also

$$p^* = 1 - p = 0{,}955.$$

Damit suchen wir den kleinsten Wert von n, für den gilt:

$$P_{n;0,955}(X \geq 200) \geq 0{,}95$$

Um die richtige Anzahl zu finden, müssen wir verschiedene Werte ausprobieren. Dabei muss n größer als k sein, also größer als 200. Wenn die Wahrscheinlichkeit zu klein ist, müssen wir n erhöhen; ist sie zu groß, müssen wir n reduzieren. Es bietet sich dabei an, den Wert nicht in Einer-Schritten zu verändern, bis man einen Wert in der Nähe der gesuchten Wahrscheinlichkeit findet. Der Taschenrechner liefert:

$$P_{205;0,955}(X \geq 200) = 0{,}0974$$

Diese Wahrscheinlichkeit ist viel zu klein, also erhöhen wir um weitere 5.

$$P_{210;0,955}(X \geq 200) = 0{,}6531$$

Diese Wahrscheinlichkeit ist viel zu klein, also erhöhen wir um weitere 5.

$$P_{215;0,955}(X \geq 200) = 0{,}9652$$

Diese Zahl ist sehr nah an unserer gesuchten Wahrscheinlichkeit, aber zu groß. Wir reduzieren deshalb um 1.

$$P_{214;0,955}(X \geq 200) = 0{,}9388$$

Dieser Wert ist etwas kleiner. Da wir nur ganzzahlige Schraubenanzahlen haben, müssen mindestens 215 Schrauben kontrolliert werden, damit die Wahrscheinlichkeit mindestens 95% beträgt.

c) (1) Der Erwartungswert ergibt sich aus dem Produkt der Stichprobengröße und der Wahrscheinlichkeit:

$$\begin{aligned} \Rightarrow \quad \mu^* = 5\,000 &= 0{,}955 \cdot n^* \quad | \div 0{,}955 \\ \Leftrightarrow \quad n^* &\approx 5\,235{,}6 \end{aligned}$$

Es müssen mindestens 5 236 Schrauben produziert werden, damit der Erwartungswert für fehlerfreie Schrauben mindestens 5 000 beträgt.

(2) Es ist $n^* = 5\,236$ und $p^* = 0{,}955$. Der Taschenrechner liefert uns:

$$P_{5\,236;0,955}(X \geq 5\,000) \approx 0{,}5274$$

Wenn 5 236 Schrauben produziert werden, beträgt die Wahrscheinlichkeit, dass die Anzahl an fehlerfreien Schrauben über 5 000 Schrauben liegt, also für die Produktion von „Wind24“ ausreicht, ca. 52,74%.

d) (1) Da kleine Anzahlen an fehlerhaften Schrauben gegen eine erhöhte Fehlerquote sprechen, testet man linksseitig. Etwas Ausprobieren liefert

$$P_{200;0,08}(X \leq 9) \approx 0{,}03737 \text{ und } P_{200;0,08}(X \leq 10) \approx 0{,}06913.$$

Die Entscheidungsregel lautet daher:

„Weise dem Vorwurf von „Wind 24“ zurück, wenn 9 oder weniger fehlerhafte Schrauben unter den 200 untersuchten Schrauben sind.“

(2) Die Fehlerquote soll nun wie anfangs $p = 4,5\%$ betragen. Die Beschwerde wird bei 10 oder mehr fehlerhaften Schrauben nicht zurückgewiesen. Es folgt also die Wahrscheinlichkeit:

$$P_{200;0{,}045}(X \geq 10) = 1 - P_{200;0{,}045}(X \leq 9) \approx 0{,}4126 = 41{,}26\%$$

Normal-
verteilung

e) (1) Gegeben ist eine Normalverteilung mit $\mu = 8{,}2$ und $\sigma = 0{,}4$. Der Taschenrechner liefert hierfür:

$$P(7{,}5 \leq X \leq 8{,}5) = \int_{7{,}5}^{8{,}5} \frac{1}{\sigma\sqrt{2\pi}} \cdot e^{\frac{-t(-\mu)^2}{2\sigma^1}}\, dt \approx 0{,}7333$$

Die Wahrscheinlichkeit, dass die Schichtdicke einer Schraube in dem geforderten Intervall liegt, beträgt daher ca. 73,33%.

(2) **zu Abbildung 1:**
Der Erwartungswert passt, denn das Maximum des Graphen ist $x = 8{,}2$.
Bei einer Standardabweichung von 0,4 gilt:

$$P(8{,}2 - 3 \cdot 0{,}4 \leq X \leq 8{,}2 + 3 \cdot 0{,}4) \approx 1$$

Aber es ist deutlich zu erkennen, dass außerhalb des Intervalls

$$[8{,}2 - 3 \cdot 0{,}4; 8{,}2 + 3 \cdot 0{,}4] = [7; 9{,}4]$$

erhebliche Flächenteile übrig bleiben. Der Graph passt also nicht zu den gegebenen Parametern.

zu Abbildung 2:
Der Erwartungswert passt: $y = 0{,}5$ wird an der Stelle $x = 8{,}2$ angenommen. Bei einer Standardabweichung von 0,4 werden Werte innerhalb des Intervalls

$$[8{,}2 - 0{,}4; 8{,}2 + 0{,}4]$$

mit einer Wahrscheinlichkeit von ca. 68% angenommen. Werte im Intervall $[-\infty, 7{,}8]$ haben damit eine Wahrscheinlichkeit von ca. 16%. An der Stelle $x = 7{,}8$ beträgt der y-Wert ca. 0,16. Der Graph passt daher zu den gegebenen Parametern.

4 Abi Klausur 2023+

Unter dem folgenden QR-Code findest du die Mathe Abituraufgaben ab dem Prüfungsjahr 2023. Die Prüfungsaufgaben werden jährlich und rechtzeitig vor der nächsten Prüfungsphase erweitert.

KLAUSUREN AB 2023:

Warum machen wir das so?

Schülerinnen und Schüler, die sich auf ihre Abiturprüfung vorbereiten, möchten immer die aktuellsten Prüfungen zur Hand haben. Andere Verlage schreiben aus diesem Grund Jahreszahlen auf ihre Produkte und müssen die nicht verkauften Exemplare „entsorgen", wenn das aktuelle Schuljahr vorbei ist.

Das ist unserer Meinung nach nicht nachhaltig! Wir alle müssen mit den begrenzten Ressourcen unseres Planeten bewusst umgehen, sodass dieses Klausurenheft als Basis anzusehen ist und auch in einigen Jahren immer noch aktuell ist.

Wir bitten daher um dein Verständnis und wünschen dir viel Erfolg für dein Abitur!

Notizen